普通高等教育"十三五"规划教材

中国石油和石化工程教材出版基金资助项目

化学工程与工艺专业实验

（第二版）

李岩梅　周　丽　主编

U0263336

中国石化出版社

图书在版编目（CIP）数据

化学工程与工艺专业实验/李岩梅，周丽主编. —2 版.
—北京：中国石化出版社，2018.3（2023.2 重印）
ISBN 978 - 7 - 5114 - 4825 - 5

Ⅰ.①化… Ⅱ.①李… ②周… Ⅲ.①化学工程 - 化学实验
Ⅳ.①TQ016

中国版本图书馆 CIP 数据核字（2018）第 047625 号

中国石化出版社出版发行

地址:北京市东城区安定门外大街 58 号
邮编:100011　电话:(010)57512500
发行部电话:(010)57512575
http://www.sinopec-press.com
E-mail:press@ sinopec.com
北京艾普海德印刷有限公司印刷
全国各地新华书店经销

*

787 × 1092 毫米 16 开本 12.75 印张 271 千字
2018 年 5 月第 1 版　2023 年 2 月第 3 次印刷
定价:30.00 元

前　　言

工程实践能力培养是化学工程与工艺专业教学计划的重要内容和主要任务之一。《化学工程与工艺专业实验》作为一门专业实践课程，从传统实验教学思想出发，拓宽专业领域，加强基础理论和实践环节的联系，并强调采用启发性教学和使用现代化教学的结合，增加学生自学和自由思考的时间，逐步树立独立思考和勇于创新的精神，以培养学生的基本素质、能力为目标的一门专业课程。基于此，本课程应有以下几个方面的教学要求：

（1）使学生掌握工程问题的基本研究方法，培养学生的过程观念和实践能力。

（2）验证有关化工专业领域的理论，巩固和加强对理论的认识和理解。

（3）培养学生理论联系实际分析问题和解决问题的能力。具体体现为：观察和分析实验现象的能力、正确选择和使用化工测量仪器仪表的能力、正确处理实验数据获得实验结果的能力、运用文字阐述实验报告的能力等。

（4）培养学生实事求是、严肃认真对待实验的科学工作态度和工作作风。

为此，本书在内容的编排、取材上力求知识结构完整全面，而又注重实验内容的代表性和典型性，实验内容紧贴化工专业课程，包括化工原理实验、化学反应工程实验、分离工程实验、化工工艺实验和高分子物理实验。在化工常用物理量的测量方面体现了测量方法的多样性和它们的不同特点以及适用场合。在数据的处理方面兼顾原始的和计算机软件的处理方法。同时，涵盖了实验室安全环保的基本常识，增强化工工业的安全环保意识。

本书由具有多年教学经验的老师编写而成，其中，绪论、第一章实验的误差分析与数据处理、第二章实验室测量技术和安全、第六章化工工艺实验及第七章高分子物理实验部分由李岩梅编写，第三章化工原理实验部分由周丽和李岩梅共同编写，第四章反应工程实验部分由王捷编写，第五章分离工程实验部分由于鲁汕编写。

由于编者水平有限，不妥之处在所难免，恳请大家批评指正。

目　录

绪 论

一、化学工程与工艺专业实验的教学目的

化学工程学是建立在实验基础上的科学，它不仅有完整的理论体系，而且有独特的实验研究方法。化工教学除了系统地讲授基础理论外，实验实践教学也是一个必不可少的实践性环节。因此，实验教学在化工教学中的作用、地位及意义，不容忽视。

1. 培养学生从事实验研究的初步能力

应该努力培养学生对实验现象的敏锐观察力，运用实验手段采集攫取实验数据的能力，分析归纳实验数据的能力，由实验数据和现象实事求是得出结论，并提出自己见解的能力，对所研究探讨的问题具有探索和创造力。

2. 初步掌握一些化学工程学的实验研究方法和实验技术

督促学生认真学习，运用各种实验研究方法和实验技术，测量化工参数，解决化工生产实际问题，以适应不断发展的化工技术。

3. 培养学生运用所学的理论知识，分析和解决问题的能力

同时，巩固各门化学课程及化学基础课程的理论知识。在理论与实践的结合过程中，拓宽视野，增长才干，巩固和加深对基本原理的理解。

总之，化学工程实验应着重于学生科学思想的培养，着重于学生实践能力的培养。为从事新的探索的研究，打一点实践基础。

二、化学工程与工艺专业实验的教学要求

对于学生而言，化工专业实验和基础实验有着很大的不同，那就是用工程装置进行实验，往往感到陌生，无从下手；有的学生又因为是几个人一组而有依赖心理，其实实验组的方式也可锻炼学生的群策群力的合作能力。为了切实收到教学效果，要求每个学生必须做到以下几点。

1. 实验预习报告

化学工程与工艺专业实验装置及流程较为复杂，测试仪器较多，课前预习尤其重要。实验前学生必须写预习报告，老师也应要求只有有预习报告的学生方可进实验室进行实验。写预习报告前，必须做到以下步骤：

（1）认真阅读实验教材，必要时参考理论课程教材的有关内容。清楚地掌握实验项目要求、实验所依据的原理、实验步骤及所需测量的参数。熟悉实验所用测量仪表的使用方法，掌握其操作规程和安全注意事项。

（2）到实验室现场熟悉实验设备和流程，摸清测试点和控制点位置。确定操作程序、所测参数项目、所测参数单位及所测数据点如何分布等。

（3）写出实验预习报告。预习报告内容包括实验目的、原理、流程、操作步骤、注意事项等。准备好原始数据记录表格，并标明各参数的单位。

（4）特别要思考一下设备的哪些部分或操作中哪个步骤可能会产生危险，如何避免，以保证实验过程中人身和设备安全。

2. 实验过程的操作训练

学生进入实验室，经教师考查预习情况合格及阅读说明书完毕，得到教师允许后，才能启动设备。实验操作是动手动脑的重要过程，一定要严格按操作规程进行。安排好测量范围、测量点数目、测量点的疏密等。实验进行过程中，操作要平稳、认真、细心。观察现象要仔细，记录数据要精心，实验数据要记录在备好的表格内，实验现象要详细记录在记录本上。学生应注意培养自己严谨的科学作风，养成良好的习惯。实验结束整理好原始数据，将实验设备和仪表恢复原状，切断电源，清扫卫生，实验数据和实验装置等经教师检查后方可离开实验室。

3. 撰写实验报告

实验报告虽以实验数据的准确性和可靠性为基础，但将实验结果整理成一份好的报告，却也是需要经过训练的一种实际工作能力。往往有这样的情形，有一些学生实验技能较好，实验也做得成功，却整理不出一篇像样的实验报告。撰写实验报告是对实验的全面总结，是对实验结果进行评估的文字材料。实验报告应简单明了、数据完整、结论明确，有讨论、有分析，得出的公式或图线有明确的使用条件。撰写实验报告的能力也需要经过严格训练来提高，为今后写好研究报告和科学论文打下基础。实验报告应包括以下内容：

（1）实验时间、报告人、同组人等；

（2）实验名称、实验目的与要求；

（3）实验基本原理；

（4）实验装置简介、流程图及主要设备的类型和规格；

（5）实验操作步骤；

（6）原始数据记录表格；

（7）实验数据的处理。实验数据的处理就是把记录的实验数据通过归纳、计算等方法整理出一定的关系（或结论）的过程，应有计算过程举例，即以一组数据为例从头到尾把计算过程一步一步写清楚；

（8）将实验结果用图示法、列表法或方程表示法进行归纳，得出结论；

（9）对实验结果及问题进行分析讨论；

（10）参考文献。

实验报告必须书写工整、文字通顺、数据完全、结论明确。图形、图表的绘制必须使用直尺或曲线板。实验报告必须采用学校统一印制的实验报告纸撰写。

三、化学工程与工艺专业实验注意事项

为了安全成功地完成实验，除了每个实验有每个实验的特殊要求外，在这里提出一些化工专业实验中必须遵守的注意事项和一些必须具备的安全知识。

（一）注意事项

1. 设备启动前必须检查的事项

（1）对于泵、风机、压缩机、电机等转动设备，用手使其转动（俗称盘车），从声响上判别有无异常，并检查润滑油位。

（2）设备上各阀门的开、关状态。

（3）接入设备的仪表开、关状态。

（4）应有的安全措施，如防护罩、绝缘垫、隔热层等。

2. 仪器仪表使用前应做到的事项

（1）了解仪表的原理与结构。

（2）掌握连接方法与操作步骤。

（3）分清量程范围，掌握正确的读数方法。

3. 操作过程中的注意事项

（1）操作中要严守自己的岗位，精心操作。注意整个实验的进行，随时观察仪表示值的变动，保证操作过程稳定进行。产生不合规律现象时要及时观察研究，分析其原因。

（2）操作过程中设备及仪表发生问题应立即按停车步骤停车，并报告指导教师。同时应自己分析原因供教师参考。未经教师同意不得自行处理。在教师处理问题时，学生应了解其过程，这是学习分析问题与处理问题的好机会。

4. 实验结束时的注意事项

实验结束时必须做到的事项：应先将有关的气源、水源、热源、仪表的阀门或电源关闭，然后再切断电机电源。

5. 注意实验安全

化学工程与工艺专业实验要特别注意安全。进实验室后要搞清楚总电闸的位置和灭火器材的安放地点。

（二）实验课堂纪律

（1）准时进实验室，不得迟到或早退，不得无故缺课。

（2）遵守课堂纪律，严肃认真地进行实验。实验室不准吸烟，不准打闹说笑或进行与实验无关的活动。

（3）对实验设备及仪器等在没弄清楚使用方法之前，不得开动。与本实验无关的设备和仪表不要乱动。

（4）爱护实验设备，仪器仪表。注意节约使用水、电、气及药品。

（5）保持实验现场和设备的整洁，禁止往设备、仪器和实验台等处乱写乱画。衣物、书包等勿挂在实验设备上，应放在指定的地点。

（6）实验结束后，同学应认真清扫现场，并将实验设备、仪器等恢复到实验前状态，经检查合格后方可离开实验室。最后，要严格遵守实验室的规章制度，确保人身安全及设备的完整，使得实验教学正常进行。

第一章　实验的误差分析与数据处理

第一节　实验误差分析

由于实验方法和实验设备的不完善，周围环境的影响，以及人的观察力、测量程序限制等，实验观察值和真值之间总是存在一定的差异，在数值上即表现为误差。为了提高实验的精度，缩小实验观测值与真值之间的差值，需要对实验的误差进行分析和讨论。

一、误差的基本概念

1. 真值与平均值

真值是一个理想的概念，一般是不可能观测到的。但是若对某一物理量经过无限多次的测量，出现误差有正有负，而正负误差出现的概率是相同的。因此，在不存在系统误差的前提下，它们的平均值就相当接近于该物理量的真值。所以，实验科学中定义：无限多次的观测值的平均值为真值。由于在实验工作中观测的次数总是有限的，由这些有限的观测值的平均值，只能近似于真值，故称这个平均值为最佳值。化工中常用的平均值有：

算术平均值：

$$x_{\mathrm{m}} = \frac{x_1 + x_2 + \cdots x_{\mathrm{n}}}{n} = \frac{\sum\limits_{i=1}^{n} x_i}{n} \tag{1-1}$$

均方根平均值：

$$x_{\mathrm{s}} = \left(\frac{x_1^2 + x_2^2 + \cdots x_{\mathrm{n}}^2}{n}\right)^{\frac{1}{2}} = \sqrt{\frac{\sum\limits_{i=1}^{n} x_i^2}{n}} \tag{1-2}$$

几何平均值：

$$x_{\mathrm{c}} = (x_1 \cdot x_2 \cdot \cdots x_{\mathrm{n}})^{\frac{1}{n}} = \left(\prod\limits_{i=1}^{n} x_i\right)^{\frac{1}{n}} \tag{1-3}$$

计算平均值方法的选择，取决于一组观测值的分布类型。在一般情况下，观测值的分布属于正态类型，即正态分布。因此，算术平均值作为最佳值使用最为普遍。

2. 误差表示法

某测量点的误差通常由下面三种形式表示：

（1）绝对误差

某量的观测值与真值的差称为绝对误差，通称误差。但在实际工作中，以平均值（即最佳值）代替真值，把观测值与最佳值之差称为剩余误差，但习惯上称绝对误差。

（2）相对误差

为了比较不同被测量物理量的测量精度，引入了相对误差。

$$相对误差 = \frac{绝对误差}{真值} \times 100\%$$

（3）引用误差

引用误差（或相对示值误差）指的是一种简化和实用方便的仪器仪表指示值的相对误差，它是以仪器仪表的满刻度示值为分母，某一刻度点示值误差为分子，所得比值的百分数。仪器仪表的精度用此误差来表示。比如 1 级精度仪表，即为

$$\frac{量程内最大示值误差}{满量程示值} \times 100\% \leqslant 1\%$$

在化工领域中，通常用算术平均误差和标准误差来表示测量数据的误差。

（4）算术平均误差

$$\delta = \frac{\sum\limits_{i=1}^{n} |x_i - x_m|}{n} \tag{1-4}$$

（5）标准误差

标准误差称为标准差或称为均方根误差。当测量次数为无穷时，其定义为

$$\sigma = \sqrt{\left(\frac{\sum\limits_{i=1}^{n} (x_i - x_n)^2}{n} \right)} \tag{1-5}$$

当测量次数为有限时，常用式（1-6）表示。

$$\delta = \sqrt{\left(\frac{\sum\limits_{i=1}^{n} (x_i - x_m)^2}{n-1} \right)} \tag{1-6}$$

式中　n——观测次数；

　　　x_i——第 i 次的测量值；

　　　x_m——n 次测量值的算术平均值。

标准误差的大小说明，在一定条件下等精度测量的数据中每个观测值对其算术平均值的分散程度。如果测的数值小，该测量列数据中相应小的误差占优势，任一单次观测值对其算术平均值的分散程度就小，测量的精度高；反之，精度就低。

3. 误差的分类

（1）系统误差

系统误差是指在同一条件下，多次测量同一量时，误差的数值和符号保持恒定，或在条件改变时，按某一确定的规律变化的误差。系统误差的大小反映了实验数据准确度的

高低。

产生系统误差的原因：①仪器不良，如刻度不准，仪表未经校正或标准表本身存在偏差等；②周围环境的改变，如外界温度、压力、风速等；③实验人员个人的习惯和偏向，如读数的偏高或偏低等引入的误差。系统误差可针对上述诸原因分别改进仪器和实验装置以及提高实验技巧予以清除。

（2）随机误差（或称偶然误差）

在已经消除系统误差的前提下，随机误差是指在相同条件下测量同一量时，误差的绝对值时大时小，其符号时正时负，没有确定规律的误差。随机误差的大小反映了精密程度的高低。这类误差产生原因无法预测，因而无法控制和补偿。但是倘若对某一量值作足够多次数的等精度测量时，就会发现随机误差完全服从统计规律，误差的大小和正负的出现完全由概率决定。因此随着测量次数的增加，随机误差的算术平均值必趋近于零。所以，多次测量结果的算术平均值将更接近于真值。

（3）过失误差（或称粗大误差）

过失误差是一种显然与事实不符的误差，它主要是由于实验人员粗心大意，如读错数据或操作失误等所致。存在过失误差的观测值在实验数据整理时必须剔除，因此测量或实验时只要认真负责是可以避免这类误差的。

显然，实测到数据的精确程度是由系统误差和随机误差的大小来决定的。系统误差愈小，测到数据的精确度愈高；随机误差愈小，测到数据的精确度愈高。所以要使实测到数据的精确度提高就必须满足系统误差和随机误差均很小的条件。

二、误差的基本性质

实测到数据的可靠程度如何？又怎样提高它们的可靠性？这些都要求我们应了解在给定条件下误差的基本性质和变化规律。

1. 偶然（随机）误差的正态分布

如果测量数列中不包含系统误差和过失误差，从大量的实验中发现偶然误差具有如下特点：

（1）绝对值相等的正误差和负误差，其出现的概率相同；

（2）绝对值很大的误差出现的概率趋近于零，也就是误差值有一定的实际极限；

（3）绝对值小的误差出现的概率大，而绝对值大的误差出现的概率小；

（4）当测量次数 $n \to \infty$ 时，误差的算术平均值趋近于零，这是由于正负误差相互抵消的结果。也就说明在测定次数无限多时，算术平均值就等于测定量的真值。

在经过大量测量数据的分析后知道，偶然误差的分布规律是服从正态分布的，其误差函数 $f(x)$ 表达式为

$$y = f(x) = \frac{h}{\sqrt{\pi}} e^{-h^2 x^2} \tag{1-7}$$

或者：

$$y = f(x) = \frac{1}{\sigma\sqrt{2\pi}}e^{-\frac{x^2}{2\sigma^2}} \tag{1-8}$$

式中　　$h = \dfrac{1}{\sigma\sqrt{2\pi}}$——精密指数；

$\qquad\qquad x$——测量值与真实值之差；

$\qquad\qquad \sigma$——均方根误差。

上式称为高斯误差分布定律。根据此方程所给出的曲线则称为误差分布曲线或高斯正态分布曲线，如图1-1所示。此误差分布曲线完全反映了偶然误差的上述特点。

现在我们来考虑一下 σ 值对分布曲线的影响，由式（1-8）可见，数据的均方误差 σ 愈小，e指数的绝对值就愈大，y 减小的就愈快，曲线下降的也就愈急，而在 $x=0$ 处的 y 值也就愈大，反之，σ 愈大，曲线下降的就愈缓慢，而在 $x=0$ 处的 y 值也就愈小。图1-2对三种不同的 σ 值（σ 值为0.5单位，σ 值为1单位，σ 值为2单位）给出了偶然误差的分布曲线。

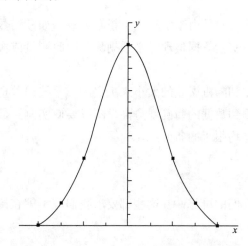

图1-1　误差分布曲线（高斯正态分布曲线）

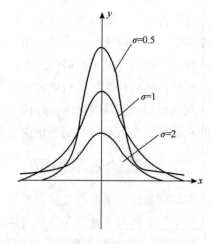

图1-2　不同 σ 值时的误差分布曲线

从这些曲线以及上面的讨论中可知，σ 值愈小，小的偶然误差出现的次数就愈多，测定精度也就愈高。σ 值愈大，就会经常碰到大的偶然误差，也就是说，测定的精度也就愈差。因而实测到数据的均方根误差，完全能够表达出测定数据的精确度，也即表征着测定结果的可靠程度。

2. 可疑的实验观测值的舍弃

由概率积分知，偶然误差正态分布曲线下的全部面积，相当于全部误差同时出现的概率，即

$$P = \frac{1}{\sqrt{2\pi}\sigma}\int_{-x}^{x}e^{-\frac{x^2}{2\sigma^2}}dx = 1 \tag{1-9}$$

若随机误差在 $-\sigma \sim +\sigma$ 范围内，概率则为

$$P(|x|<\sigma) = \frac{1}{\sqrt{2\pi}\sigma}\int_{-\sigma}^{\sigma}e^{-\frac{x^2}{2\sigma^2}}dx = \frac{2}{\sqrt{2\pi}\sigma}\int_{0}^{\sigma}e^{-\frac{x^2}{2\sigma^2}}dx = 1 \tag{1-10}$$

令 $t = \dfrac{x}{\sigma}$ ，则 $x = t\sigma$

$\therefore$ $$P(|x| < \sigma) = \frac{2}{\sqrt{2\pi}}\int_0^t e^{-\frac{t^2}{2}}dt = 2\phi(t)$$ （1-11）

即误差在 $\pm t\sigma$ 的范围内出现的概率为 $2\phi(t)$ ，而超出这个范围的概率则为 $1 - 2\phi(t)$ 。

概率函数 $\phi(t)$ 与 t 的对应值在数学手册或专著中均附有此类积分表，现给出几个典型的 t 值及其相应的超出或不超出 $|x|$ 的概率，见表 1-1 。

表 1-1 t 值及相应的概率

t	$\|x\| < t\sigma$	不超过 $\|x\|$ 的概率 $2\phi(t)$	超过 $\|x\|$ 的概率 $1 - 2\phi(t)$	测量次数 n	超过 $\|x\|$ 的测量次数 n
0.67	0.67σ	0.4972	0.5028	2	1
1	σ	0.6226	0.3174	3	1
2	2σ	0.9544	0.0456	22	1
3	3σ	0.9973	0.0027	370	1
4	4σ	0.9999	0.0001	15626	1

由表 1-1 可知，当 $t = 3$ ， $|x| = 3\sigma$ 时，在 370 次观测中只有一次绝对误差超出 3σ 范围，由于在测量中次数不过几次或几十次，因而可以认为 $|x| > 3\sigma$ 的误差是不会发生的，通常把这个误差称为单次测量的极限误差，这也称为 3σ 规则。由此认为， $|x| = 3\sigma$ 的误差已不属于偶然误差，这可能是由于过失误差或实验条件变化未被发觉引起的，所以这样的数据点经分析和误差计算以后予以舍弃。

3. 函数误差

上述讨论主要是直接测量的误差计算问题，但在许多场合下，往往涉及间接测量的变量，所谓间接测量是通过直接测量与被测的量之间有一定函数关系的其他量，并根据函数关系计算出被测量，如流体流速等测量变量。因此，间接测量就是直接测量得到的各测量值的函数。其测量误差是各原函数。

（1）函数误差的一般形式

在间接测量中，一般为多元函数，而多元函数可用式（1-12）表示。

$$y = f(x_1, x_2, x_3, \cdots, x_n)$$ （1-12）

式中 y——间接测量值；

x——直接测量值。

由泰勒级数展开得

$$\Delta y = \frac{\partial f}{\partial x_1} \cdot \Delta x_1 + \frac{\partial f}{\partial x_2} \cdot \Delta x_2 + \cdots + \frac{\partial f}{\partial x_n} \cdot \Delta x_n$$ （1-13）

或 $$\Delta y = \sum_{i=1}^{n} \frac{\partial f}{\partial x_i} \cdot \Delta x_i$$ （1-14）

它的极限误差为

$$\Delta y = \sum_{i=1}^{n} \left| \frac{\partial f}{\partial x_i} \cdot \Delta x_i \right| \qquad (1-15)$$

式中　$\dfrac{\partial f}{\partial x_i}$——误差传递系数；

　　　Δx——直接测量值的误差；

　　　Δy——间接测量值的极限误差或称函数极限误差。

由误差的基本性质和标准误差的定义，得函数的标准误差

$$\sigma = \left[\sum_{i=1}^{n} \left(\frac{\partial f}{\partial x_i} \right)^2 \sigma_i^2 \right]^{\frac{1}{2}} \qquad (1-16)$$

式中　σ_i——直接测量值的标准误差。

（2）某些函数误差的计算

1）设函数 $y = x \pm z$，变量 x、z 的标准误差分别为 σ_x、σ_z。

由于误差的传递系数 $\dfrac{\partial y}{\partial x} = 1$，$\dfrac{\partial y}{\partial z} = \pm 1$ 则

函数极限误差　　　　　　　$\Delta y = |\Delta x| + |\Delta z| \qquad (1-17)$

函数标准误差　　　　　　　$\sigma_y = (\sigma_x^2 + \sigma_z^2)^{\frac{1}{2}} \qquad (1-18)$

2）设 $y = k\dfrac{x \cdot z}{w}$ 变量 x、z、w 的标准误差为 σ_x、σ_z、σ_w。

由于误差传递系数分别为

$$\frac{\partial y}{\partial x} = \frac{kz}{w} = \frac{y}{x}$$

$$\frac{\partial y}{\partial z} = \frac{kx}{w} = \frac{y}{z} \qquad (1-19)$$

$$\frac{\partial y}{\partial w} = -\frac{kxz}{w^2} = -\frac{y}{w}$$

则函数的相对误差为

$$\Delta y = |\Delta x| + |\Delta z| + |\Delta w| \qquad (1-20)$$

函数的标准误差为

$$\sigma_y = k \left[\left(\frac{z}{w} \right)^2 \sigma_x^2 + \left(\frac{x}{w} \right)^2 \sigma_z^2 + \left(\frac{xz}{w^2} \right)^2 \sigma_w^2 \right]^{\frac{1}{2}} \qquad (1-21)$$

3）设函数 $y = a + bx^n$，变量 x 的标准误差为 σ_x，a、b、n 为常数。

由于误差传递系数为

$$\frac{\mathrm{d}y}{\mathrm{d}x} = nbx^{n-1} \qquad (1-22)$$

则函数的误差为

$$\Delta y = |nbx^{n-1}\Delta x| \qquad (1-23)$$

函数的标准误差为

$$\sigma_y = nbx^{n-1}\sigma_x \qquad (1-24)$$

4）设函数 $y = k + n\ln x$ ，变量 x 的标准误差为 σ_x ，k、n 为常数。

由于误差传递系数为

$$\Delta y = \left| \frac{n}{x} \cdot \Delta x \right| \qquad (1-25)$$

函数的标准误差为

$$\sigma_y = \frac{n}{x}\sigma_x \qquad (1-26)$$

5）算术平均值的误差

由算术平均值的定义知

$$M_m = \frac{M_1 + M_2 + \cdots + M_n}{n} \qquad (1-27)$$

其误差传递系数为

$$\frac{\partial M_m}{\partial M_i} = \frac{1}{n} \quad i = 1,2,\cdots,n \qquad (1-28)$$

则算术平均值的误差

$$\Delta M_m = \frac{\sum_{i=1}^{n} |\Delta M_i|}{n} \qquad (1-29)$$

算术平均值的标准误差

$$\sigma_m = \left(\frac{1}{n^2} \sum_{i=1}^{n} \sigma_i^2 \right)^{\frac{1}{2}} \qquad (1-30)$$

当 M_1，M_2，$\cdots$，M_n 是同组等精度测量值，它们的标准误差相同，并等于 σ ，所以

$$\sigma_m = \frac{\sigma}{\sqrt{n}} \qquad (1-31)$$

除了上述讨论由已知各变量的误差或标准误差计算函数误差外，还可以应用于实验装置的设计和实验装置的改进。在实验装置设计时，如何选择仪表的精度，即由预先给定的函数误差（实验装置允许的误差）求取各测量值（直接测量）所允许的最大误差。但由于直接测量的变量不是一个，在数学上则是不定解。为了获得唯一解，假定各变量的误差对函数的影响相同，这种设计的原则称为等效应原则或等传递原则，即

$$\sigma_y = \sqrt{n}\left(\frac{\partial f}{\partial x_i}\right)\sigma_i \qquad (1-32)$$

或

$$\sigma_i = \frac{\sigma_y}{\sqrt{n}\left(\frac{\partial f}{\partial x_i}\right)} \qquad (1-33)$$

第二节 实验数据的处理

一、有效数字的处理

1. 有效数字及其表示方法

所谓有效数字是指一个位数中除最末一位数为欠准或不确定外，其余各位数都是准确知道的，这个数据有几位数，我们就说这个数据有几位有效数字。

有效数字反映一个数的大小，又表示在测量或计算中能够准确地量出或读出的数字，因此它与测量仪表的精确度有关，在有效数字中只许可包含一位估计数字（末位为估计数字），而不能包含二位数字。例如分度值为1℃的温度计，读数24.5℃，则三个数字都是有效数字（其中末位是许可估计数），而记为25℃或24.47℃都是不正确的。对于精度为$\frac{1}{10}$℃的温度计，室温20.36℃有效数字是四位，其中第四位是估计值。51.1g和0.0515g都是三位有效数字，1500m代表四位有效数字，而1.5×10^4则只代表两位有效数字，若写成1.500×10^4表示四位有效数字，这是1.500中的"0"不能省去，表示这个数值与实际值只相差不过10m。

2. 有效数字的运算规则

（1）保留估计数字

记录、测量只准保留一位估计数字。

（2）四舍五入，偶舍奇入

当有效数字确定后，其余数字一律弃去，舍弃的办法是四舍五入，偶舍奇入。即末位有效数字后面第一位大于5则在前一位上加上1，小于5就舍去，若等于5时，前一位是奇数就增加1，如前一位是偶数则舍去。例如有效数字是三位时，12.36应为12.4；12.34应为12.3；而12.35应为12.4；但12.45就应为12.4，而不是12.5。

（3）加减法规则

以计算流体的进出口温度之和、之差为例，若测得流体进出口温度分别为17.1℃和62.35℃，则

温度和	温度差
62.35	62.35
+17.1	−17.1
79.45	45.25

由于运算结果具有二位存疑值；它和有效数字的概念（每个有效数字只能有一位有疑值）不符，故第二位存疑数应作四舍五入加以抛弃。所以两者的结果为温度和等于79.4℃和温度差等于45.2℃。

从上面例子可以看出，为了保证间接测量值的精度，实验装置中选取仪器时，其精度要一致，否则系统的精度将受到精度低的仪器仪表的限制。

（4）乘除法运算

两个量相乘（或相除）的积（或商），与其有效数字位数量少的相同。

（5）乘方、开方

乘方、开方后的有效数字位数与其底数相同。

（6）对数运算

对数的有效数字位数应与其真数相同。

二、实验结果的数据处理

1. 列表法

实验数据的初步整理是列表，可分为数据记录表与结果计算表两种，它们是一种专门的表格。实验原始数据记录表是根据实验内容而设计的，必须在实验正式开始之前列出表格。在实验过程中完成一组实验数据的测试，必须及时地将有关数据记录在表内。当实验完成时得到一张完整的原始数据记录表。切忌在实验完成后，重新整理成原始数据记录，这种方法既费时又易造成差错。同时，在相同条件下的重复试验也应该列入表内。

拟制实验表时，应该注意下列事项：

①列表的表头要列出变量名称、单位的因次。单位不宜混在数字中，以致分辨不清；

②数字记录要注意有效位数，它要与实验准确度相匹配。

③数据较大或较小时就用浮点数表示，阶数部分（即 $\pm n$）应记录在表头；

④列表的标题要清楚、醒目，能恰当说明问题。

2. 图形法

实验数据在一定坐标纸上绘成图形，其优点是简单直观，便于比较，容易看出数据间的联系及变化规律，查找方便。现在就有关问题介绍如下：

（1）坐标的选择

化工通常的坐标有直角坐标、对数坐标和半对数坐标。根据预测的函数形式选择不同形式。通常总希望图形能呈直线，以便用方程表示，因此一般线性函数采用直角坐标，幂函数采用对数坐标，指数函数采用半对数坐标。

（2）坐标的分度

习惯上横坐标是自变量 x，纵坐标表示因变量 y，坐标分度是指 x、y 轴每条坐标所代表数值的大小，它以阅读、使用、绘图以及能真实反映因变关系为原则。

①为了尽量利用图面，分度值不一定自零开始，可以用变量的最小整数值作为坐标起点，而高于最大值的某一整数值为坐标的终点。

②坐标的分度不应过细或过粗，应与实验数据的精度相匹配，一般最小的分度值为实验数据的有效数字最后第二位，即有效数字最末位在坐标上刚好是估计值。

③当标绘的图线为曲线时，其主要的曲线斜率应以接近 1 为宜。

（3）坐标分度值的标记

在坐标纸上应将主坐标分度值标出，标记时所有有效数字位数应与原始数据的有效数字相同，另外每个坐标轴必须注明名称、单位和坐标方向。

（4）数据描点

数据描点是将实验数据点画到坐标纸上，若在同一图上表示不同组的数据，应以不同的符号（如×△□○等）加以区别。

（5）绘制曲线

绘制曲线应遵循以下原则：

①曲线应光滑均整，尽量不存在转折点，必要时也可以有少数转折点。

②曲线经过之处应尽量与所有点相接近。

③曲线不必通过图上各点以及两端任一点。一般两端点的精度较差，作图时不能作为主要依据。

④曲线一般不应具有含糊不清的不连续点或其它奇异点。

⑤若将所有点分为几组绘制曲线时，则在每一组内位于曲线一侧的点数应与另一侧的点数近似相等。

3. 方程法

在化工原理实验中，经常将获得的实验数据或所绘制的图形整理成方程式或经验关联式表示，以描述过程和现象及其变量间的函数关系。凡是自变量与因变量成线性关系或允许进行线性化处理的场合，方程中的常数项均可用图解法求得。把实验点标成直线图形，求得该直线的斜率 m 和截距 b，便可得到直线的方程表示式：

$$y = b + mx \tag{1-34}$$

（1）直角坐标

直线的斜率可由图中直角三角形 $\Delta y / \Delta x$ 之比值求得，即

$$m = \Delta y / \Delta x \tag{1-35}$$

也可选取直线上两点，用式（1-36）计算

$$m = \frac{y_2 - y_1}{x_2 - x_1} \tag{1-36}$$

直线的截距 b 可以直接从图上读得，当 b 不易从图上读得时可用式（1-37）计算

$$b = (y_1 x_2 - y_2 x_1)/(x_2 - x_1) \tag{1-37}$$

（2）双对数坐标

对于幂函数方程 $y = bx^m$ 在双对数坐标中表示为一直线

$$\lg y = \lg b + m \lg x \tag{1-38}$$

令 $Y = \lg y$；$B = \lg b$；$X = \lg x$，式（1-38）写成

$$Y = B + mX \tag{1-39}$$

式（1-39）表示若对原式 x、y 取对数，而将 $Y = \lg y$ 对 $X = \lg x$ 在直角坐标上可得一条直线，直线的斜率

$$m = \Delta y / \Delta x = (Y_2 - Y_1)/(X_2 - X_1) = (\lg y_2 - \lg y_1)/(\lg x_2 - \lg x_1) \tag{1-40}$$

为了避免将每个数据都换算成对数值，可以将坐标的分度值按对数绘制（即双对数坐

标），将实验 x、y 标于图上，则与先取对数再标绘笛卡尔直角坐标上所得结果是完全相同的。

工程上均采用双对数坐标，把原数据直接标在坐标纸上。

坐标的原点为 $x = 1$，$y = 1$，而不是零。因为 $\lg 1 = 0$，当 $x = 1$ 时（即 $X = \lg 1 = 0$），$Y = B = \lg b$，因此 $x = 1$ 的纵坐标上读数 y 就是 b。

b 值亦可用计算方法求出，即在直线上任取一组（x，y）数据，代入 $y = bx^m$ 方程中，用已求得的 m 值代入即可算出 b 值。

（3）单对数坐标

单对数坐标是用于指数方程

$$y = a\mathrm{e}^{bx} \tag{1-41}$$

对上式两边取自然对数得

$$\ln y = \ln a + bx \tag{1-42}$$

即

$$\lg y = \lg a + (b/2.3)x \tag{1-43}$$

令 $Y = \lg y$，$A = \lg a$，$B = b/2.3$

则上式改写成 $Y = A + BX$，此式在单对数坐标上也是一条直线。

（4）$y = a/x$ 在直线坐标上为双曲函数，若以 $y \sim x^{-1}$ 作图形，在直角坐标上就为线性关系。

4. 用最小二乘法拟合曲线

（1）最小二乘法

在化工实验中经常需要将试验获得的一组数据（x_i，y_i）拟合成一条曲线，并最终拟合成经验公式表示。在拟合中并不要求曲线经过所有的实验点，只要求对于给定的实验点其误差 $\delta_i = y_i - f(x_i)$ 按某一标准为最小。若规定最好的曲线是各点同曲线的偏差平方和为最小，这种方法称为最小二乘法。实验点与曲线的偏差平方和为

$$\sum_{i=1}^{n} \delta_i^2 = \sum \left[y_i - f(x_i) \right]^2 \tag{1-44}$$

（2）最小二乘法的应用

在工程中一般希望拟合曲线呈线性函数关系，因为线性关系最为简单。下面介绍当函数关系为线性时，用最小二乘法求式中的常数项。

假设有一组实验数据（x_i，y_i）（$i = 1$，2，$\cdots n$）且此 n 个点落在一条直线附近。因此，数学模型为

$$f(x) = b + mx \tag{1-45}$$

实验点与曲线的偏差平方和为

$$
\begin{aligned}
\sum_{i=1}^{n} \delta_i^2 &= \sum \left[y_i - f(x_i) \right]^2 \\
&= \left[y_1 - (b + mx_1) \right]^2 + \left[y_2 - (b + mx_2) \right]^2 + \cdots + \left[y_n - (b + mx_n) \right]^2
\end{aligned} \tag{1-46}
$$

令 $Q = \sum_{i=1}^{n} \delta_i^2$，

$$Q = [y_1 - (b+mx_1)]^2 + [y_2 - (b+mx_2)]^2 + \cdots + [y_n - (b+mx_n)]^2 \qquad (1-47)$$

根据最小二乘法原理，满足偏差平方和为最小的条件必须是

$\dfrac{\partial Q}{\partial b} = 0$ 与 $\dfrac{\partial Q}{\partial m} = 0$，即

$$\frac{\partial Q}{\partial b} = -2[y_1 - (b+mx_1)] - 2[y_2 - (b+mx_2)] - \cdots - 2[y_n - (b+mx_n)] = 0$$

整理得：

$$\sum y_i - nb - m\sum x_i = 0 \qquad ①$$

同理
$$\frac{\partial Q}{\partial m} = 0$$

$$\frac{\partial Q}{\partial m} = -2x_1(y_1 - b - mx_1) - 2x_2(y_2 - b - mx_2) - \cdots - 2x_n(y_n - b - mx_n) = 0$$

整理得：

$$\sum x_i y_i - b\sum x_i - m\sum (x_i^2) = 0 \qquad ②$$

由式①得：

$$b = \frac{\sum y_i - m\sum x_i}{n} = \bar{y} - m\bar{x} \qquad ③$$

式③代入式②解得

$$m = \frac{\sum y_i \sum x_i - n\sum x_i y_i}{\left(\sum x_i\right)^2 - n\sum x_i^2} \qquad ④$$

相关系数 r 为

$$r = \frac{\sum (x_i - \bar{x})(y_i - \bar{y})}{\sqrt{\sum (x_i - \bar{x})^2 \sum (y_i - \bar{y})^2}} \qquad ⑤$$

相关系数是用来衡量两个变量线性关系密切程度的一个数量性指标。r 的绝对值总小于1，即 $0 \leqslant |r| \leqslant 1$。

【例题1-1】 已知一组实验数据如下，求它的拟合曲线。

X_i	1	2	3	4	5
Y_i	4	4.5	6	8	8.5

解： 根据所给数据在坐标纸上标出，由图可见实验点可拟合成一条直线，拟合方程为：$f(X) = b + mX$

计算结果列于下表：

X_i	Y_i	X_i^2	$X_i Y_i$
1	4	1	4

X_i	Y_i	X_i^2	$X_i Y_i$
2	4.5	4	9
3	6	9	18
4	8	16	32
5	8.5	25	42.5
$\sum X_i = 15$	$\sum Y_i = 31$	$\sum X_i^2 = 55$	$\sum X_i Y_i = 105.5$

$$m = \frac{\sum X \times \sum Y - n \sum XY}{\left(\sum X_i \right)^2 - n \sum X_i^2} = \frac{15 \times 31 - 5 \times 105.5}{15^2 - 5 \times 55} = 1.25$$

$$b = \frac{\sum Y_i - m \sum X_i}{n} = \frac{31 - 1.25 \times 15}{5} = 2.45$$

$$\therefore \qquad f(X) = 2.45 + 1.25X$$

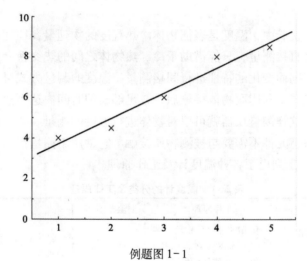

例题图 1-1

第二章 实验室测量技术与安全

化学化工实验和化工生产中，流体的一些基本参数温度、压强和流量等的测量是必须的，能否准确合适地测量这些基本参数对实验结果和生产情况有很大的影响，了解化工常见物理量的测量方法，合理地选择和使用仪表就尤其重要。在这一章中，将介绍温度、压强、流量的测量方法原理和仪表特性。

第一节 温度测量

化工生产和科学实验中，温度是表征物体冷热程度的物理量，往往是测量和控制的重要参数。温度不能够直接测量，只能借助于冷、热物体之间的热交换，以及物体的某些物理性质随冷热程度不同而变化的特性进行间接测量。温度的测量方式可分为两大类：接触式和非接触式。接触式是利用两物体接触后，在足够长的时间内达到热平衡，两个互不平衡的物体温度相等，这样测量仪器就可以对物体进行温度的测量。非接触式是利用热辐射原理，测量仪表的敏感元件不需要与被测物质接触，它常用于测量运动体和热容量小或特高温度的场合。表2-1列出了各种温度计及工作原理。

表 2-1 温度计的分类及工作原理

温度计的分类			工作原理	测温范围/℃	主要特点
接触式测温仪表	膨胀式	液体膨胀式	利用液体（水银、酒精）或固体（双金属片）受热时产生膨胀的特性	−200～700	结构简单、价格低廉，一般只用作就地测量
		固体膨胀式			
	压力式	气压式	利用封闭在一定容积中的气体、液体或某些液体的饱和蒸气，受热时其体积或压力变化的性质	0～300	结构简单，具有防爆性，不怕震动，可作近距离传示；准确度低，滞后性大
		液压式			
		蒸气式			
	热电阻式	金属热电阻	利用导体或半导体受热其电阻值变化的性质	−200～850	准确度高，能远距离传送，适于低、中温测量；体积较大，测点温较困难
		半导体热敏电阻		−100～300	
	热电偶式		利用物体的热电性质	0～1600	测温范围广，能远距离传送，适于中、高温测量，需进行冷端温度补偿、在低温区测量准确度较低
非接触式测温仪表	光学式		利用物体辐射能随温度变化的性质	600～2000	适用于不能直接测温的场合，测温范围广，多用于高温测量；测量准确度受环境条件的影响，需对测量值修正后才能减小误差
	比色式				
	红外式				

一、膨胀式温度计

根据液体受热膨胀的原理用于测量温度的仪表称为液体膨胀式温度计，如玻璃管温度计。利用固体长度随温度变化的性质而测量温度的仪表称为固体膨胀式温度计，如：双金属温度计。

1. 玻璃管温度计

（1）玻璃管温度计

玻璃管温度计是利用玻璃感温泡内的测温物质（水银、酒精、甲苯、煤油等）受热膨胀、遇冷收缩的原理进行温度测量的。

玻璃管温度计是最常用的一种测定温度的仪器。其结构简单，价格便宜，读数方便，有较高的精度，测量范围为 −80~500℃。它的缺点是易损坏，损坏后无法修复。目前实验室用的最多的是水银温度计和有机液体（如乙醇）温度计。水银温度计测量范围广、刻度均匀、读数准确，但损害后会造成汞污染。有机液体（乙醇、苯等）温度计着色后读数明显，但由于膨胀系数随温度而变化，故刻度不均匀，读数误差较大。

（2）玻璃管温度计的种类

玻璃管温度计按其用途和使用场合又可分为带有金属保护管的玻璃温度计、电接点玻璃温度计、标准水银温度计等。

1）带有金属保护管的玻璃温度计

工业生产过程中利用玻璃温度计测量时，为了防止玻璃温度计被碰断和使玻璃温度计可靠地固定在测温设备上，工业上使用的玻璃温度计带有金属保护管。根据内标式玻璃温度计的外形，带有金属保护管的玻璃温度计也有直形、90°角形和135°角形三种形式。

2）电接点玻璃温度计

它利用水银作为导电介质，与电子继电器等电气元件组成控制电路，用来对某一温度变化进行越限报警或双位控制。其工作原理是：当水银随温度变化上升到触点时，控制电路接通，起到了越限报警或控制的作用。

电接点玻璃温度计按工作触点能否调节分可调式和固定式两种形式，可调式电接点玻璃温度计外形如图2-1所示。

3）标准水银温度计

在比较法中用来校准被检测温度计的精密水银温度计称为标准水银温度计。标准水银温度计都是成套生产的，每套有若干支，每一支温度计的温度间隔都很小，并有零位标记。如一等标准水银温度计9支一套（0~100℃），最小分度值为0.05℃，其余范围为0.1℃）和13支一套（最小分度值均为0.05℃）的两种，二等标准水银温度计为7支一套，最小分度值为0.1℃，它是工厂中常用的标准器具。

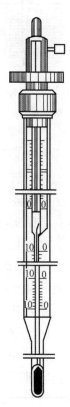

图2-1 可调式电接点玻璃温度计

（3）玻璃管温度计的安装和使用

①安装在没有大的振动，不易受碰撞的设备上，特别是有机液体玻璃管温度计，如果振动很大，容易使液柱中断。

②玻璃管温度计感温泡中心应处于温度变化最敏感处（如管道中流速最大处）。

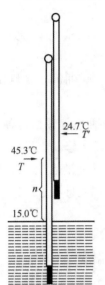

图2-2 对温度露出液体部分的校正

③玻璃管温度计安装在便于读数的场所，不能倒装，尽量不要倾斜安装。

④为了减少读数误差，应在玻璃管温度计保护管中加入甘油、变压器油等，以排除空气等不良导体。

⑤水银温度计读数时按凸面之最高点读数，有机液体玻璃管温度计则按凹面最低点读数。

⑥为了准确的测量温度，用玻璃管温度计测定物体温度时，对温度计露出液体部分进行校正，除了主温度计外还须附加温度计，见图2-2。

例如在测量时，水银柱的上部露在欲测物体外部，则这段水银的温度不是欲测物体的温度，因此必须按下式校正

$$\Delta T = \frac{n(T - T')}{6000} \qquad (2-1)$$

式中　n——露出部分水银柱高度（温度刻度数）；

　　　T——温度计指示的温度；

　　　T'——露出部分周围的中间温度（要用另一支温度计测出）；

　　　$\frac{1}{6000}$——玻璃与水银的膨胀系数之差。

则校正后实际的温度 $= T + \Delta T$。

（4）玻璃管温度计的校正

用玻璃管温度计进行温度精确测量时要校正，校正方法有两种：与标准温度计在同一状况下比较，利用纯质相变点如冰－水、水－水蒸气系统校正。

将被校验的玻璃管温度计与标准温度计插入恒温槽中，等恒温槽的温度稳定后，比较被验温度计和标准温度计的示值。

亦可用冰－水、水－水蒸气的相变温度来校正温度计。

1）用水和冰的混合液校正0℃

在100mL烧杯中，装满碎冰或冰块，然后注入蒸馏水至液面达到冰面下2cm为止，插入温度计使刻度便于观察或是露出0℃于冰面上，搅拌并观察水银柱的改变，待其所指温度恒定时，记录读数。即是校正过的零度，注意勿使冰块完全溶解。

2）用水和水蒸气校正100℃

校正温度计按图2-3所示，塞子留缝隙是为了平衡试管内外的压力。向试管内加入少量沸石及100mL蒸馏水。调整温度计使其水银球在液面上3cm。以小火加热并注意蒸气

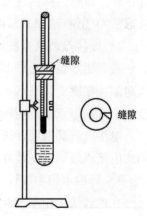

图2-3 温度计校正装置

在试管壁上冷凝形成一个环，控制火力使其水银球上方约2cm处，若保持水银球上有一液滴，说明液态与气态间达到热平衡。当温度恒定时观察水银柱读数，记录读数。再经过气压校正后即是校正过的100℃。

2. 双金属温度计

双金属温度计通常是以双金属元件作为温度敏感元件。双金属元件是由两种线膨胀系数不同的金属结合在一起而制成。当被测温度变化时，由于两金属片所产生的伸长量不同而使金属片弯曲，从而将温度的变化转换为双金属片自由端的位移变化。这种双金属温度计比玻璃温度计坚固，且无汞毒，有一定的耐震能力，读数方便，因此代替水银温度计应用在工业测量，其精度一般低于水银温度计。

二、压力式温度计

利用封闭在密器中填充气体或某种液体的饱和蒸气的压力随温度变化的原理制成的温度计称为压力式温度计。按填充物质不同又可分为气体压力式温度计、蒸气压力式温度计和液体压力式温度计。

1. 压力式温度计的工作原理

压力式温度计如图2-4所示。由温包、毛细管和弹簧管构成一个封闭系统。系统内充有感温物质，如氮气、水银、二甲苯、甲苯、甘油和低沸点液体，如氯甲烷、氯乙烷等。测量时，温包放置在被测介质中，当被测介质温度发生变化时，温包内感温物质受热而压力发生变化，温度升高，压力增大，温度降低，压力减小。压力的变化经毛细管传递到弹簧管，弹簧管一端被固定，另一端为自由端，因压力变化而产生位移，经过传动机构，带动指针指示出相应的温度变化值。

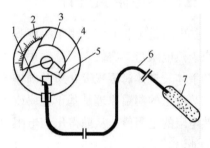

图2-4 压力式温度计的作用原理
1—指针；2—刻度盘；3—弹簧管；4—连杆；
5—传动机构；6—毛细管；7—温包

温包是直接与被测介质接触，用来感受被测介质温度变化的元件，因此，要求它具有较高的机械强度、小的膨胀系数、高的热导率以及抗腐蚀性能。温包常用紫铜管、无缝钢管或不锈钢管制造，外径 12 ~ 22mm，长 65 ~ 435mm。管的一端用盖板焊死，另一端则通过长 235 ~ 300mm 的短管与毛细管相连，短管上配有安装温包用的固定螺纹。

毛细管是用来作为温包与弹簧管压力计之间的连接和传递压力的导管，一般用铜或不锈钢冷拉而成的无缝管材制成，其内径一般为 0.15 ~ 0.5mm，长度 20 ~ 60m。由于毛细管很细很长，极容易损坏，因此毛细管常用金属软管或铜丝、镀锌钢丝编织成的包皮保护着。

2. 压力式温度计的特点

（1）压力式温度计的毛细管最大长度可达 60m，所以该温度计即可就地测量，又可以在 60m 范围内较远距离显示、记录、报警和调节所测温度。

（2）压力式温度计的结构简单。价格便宜、刻度清晰，适用于固定工业设备内气体、蒸气或液体在 −80 ~ 500℃ 范围内的温度测量。被测介质最大压力为 6MPa。

（3）除电接点压力式温度计外，其他形式的温度计不带有电源，使用中不会有火花产生，因此具有防爆性能，适用于易燃、易爆环境下的温度测量。

（4）压力式温度计的示值由毛细管传递，滞后时间长，即时间常数大。另外，毛细管机械强度差，易损坏，而且损坏后不易修复。

3. 压力式温度计的使用

（1）应根据实际被测温度选用合适量程的温度计。使用中不应超过其允许温度测量范围，以免老化，影响使用寿命。

（2）安装前要进行标定，简单的办法是用一支标准玻璃水银温度计对照检查它的室温示值，然后在热水或沸水中校验它在某一点的指示标准度。在校验过程中，注意观察其传动系统是否灵活，指针是否平稳地移动。当检查合格后，该温度计方能进行安装，用于测量温度。

（3）使用过程中，要保持表体清洁，以便于读数。同时，应注意维修保养，勿使温度计感温部分腐烂、锈蚀。

三、热电阻温度计

热电阻是工业上广泛用于温度测量地感温元件，具有结构简单、精度高、使用方便等优点。热电阻与二次仪表配套使用，可以远传、显示、记录和控制 −200 ~ 600℃ 温度范围内的液体、气体、蒸气等介质及固体表面的温度。

热电阻的测温原理是基于金属或半导体的电阻值随温度变化而变化，再由显示仪表测出热电阻的电阻值，从而得出与电阻值相应的温度值。由热电阻、连接导线和显示仪表组成的测温装置称为电阻温度计。

目前工业上标准化生产的热电阻主要有铂电阻、铜电阻和镍电阻。工业上广泛应用的是铂电阻和铜电阻。

1. 铂电阻

铂是一种制造热电阻比较理想的材料，它易于提纯，在氧化性介质中具有很高的稳定性和良好的复制性，电阻与温度变化关系近似线性，并具有较高的测量精度。但在高温下，铂易受还原性介质损伤，质地变脆。在 0 ~ 850℃ 温度范围内铂的电阻值与温度的关系可用式（2-2）表示：

$$R_t = R_0(1 + At + Bt^2 + Ct^3) \tag{2-2}$$

式中 A、B、C——常数，由实验求得，对通常的工业用铂电阻有：$A = 3.90802 \times 10^{-3}$，

$\qquad B = 5.80195 \times 10^{-7}$，$C = 4.27350 \times 10^{-12}$；

$\qquad t$——温度，℃；

$\qquad R_0$——温度为 0℃ 时的电阻值，Ω；

$\qquad R_t$——温度为 t℃ 时的电阻值，Ω。

2. 铜电阻

铜电阻的特点是它的电阻值与温度的关系是线性的，电阻温度系数也比较大，而且材料易提纯，价格比较便宜，但它的电阻率低，易氧化，在没有特殊限制时可以使用铜电阻。

在 $-50 \sim 150℃$ 范围内，铜电阻温度关系为

$$R_t = R_0(1 + \alpha t) \tag{2-3}$$

式中 α——铜电阻温度系数，$\alpha = 4.25 \sim 4.28 \times 10^{-3}，℃^{-1}$。

我国工业用铜电阻的分度号为 Cu50（其 $R_0 = 50\Omega$），Cu100（其 $R_0 = 100\Omega$）。

3. 热电阻的构造

（1）普通热电阻

普通热电阻主要由电阻体、引出线、绝缘子、保护套管和接线盒组成。

（2）铠装热电阻

铠装热电阻是近年来发展起来的，它由金属保护管、绝缘材料和电阻体三者组成。铠装热电阻有如下特点：

①惰性小，反应迅速。如保护管直径为 12mm 的普通铂电阻，其时间常数为 25s；而金属套管直径为 4.0mm 的铠装热电阻，其时间常数仅为 5s 左右。

②具有可弯曲性能，铠装热电阻除头部外，可以作任意方向的弯曲，因此它适用于结构较为复杂的狭小设备的温度测量，具有良好的耐振动、抗冲击性能。

③铠装热电阻的电阻体由于有氧化镁绝缘材料的覆盖和金属套管的保护，热电丝不易被有害介质所侵蚀，因此它的寿命较普通热电阻长。

4. 半导体电阻（热敏电阻）温度计的工作原理

利用半导体材料制成的热电阻称为热敏电阻，大多数半导体热敏电阻具有负电阻温度系数，其电阻值随温度的升高而减小，随温度的降低而增大，虽然温度升高粒子的无规则运动加剧，引起自由电子迁移率略为下降，然而自由电子的数目随温度升高而增加得更快，所以温度升高其电阻值下降。

半导体热敏电阻通常用铁、镍、钼、钛、铜等一些金属的氧化物制成。可测量 $100 \sim 300℃$ 的温度。具有很多优点：电阻温度系数大（约为 3% ~ 6%），灵敏度高；电阻率大，因而体积小，电阻值很大，故连接导线的电阻变化的影响可以忽略；结构简单；热惯性小。

热敏电阻可制成各种形状。用做温度计的热敏元件是制成小球状的热敏电阻体，并用玻璃或其他薄膜包裹而成。球状热敏电阻体的本位为直径 $1 \sim 2mm$ 小球，封入两根 0.1mm 的铂丝作为导线，如图 2-5 所示。

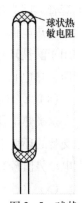

图 2-5 球状热敏电阻

四、热电偶温度计

热电阻将温度信号转换成电势（mV）信号，配以测量毫伏的仪表或

变送器可以实现温度的测量或温度信号的转换。具有性能稳定、复现性好、体积小、响应时间较小等优点。

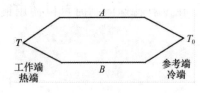

图 2-6　热电偶闭合回路

两种不同的导体（或半导体）A、B 组成闭合回路如图 2-6 所示，当 A、B 相接的两个接点温度不同时，则在回路中产生一个电势，称为热电势。图 2-6 的闭合回路称为热电偶。导体 A 和 B 称为热电偶的热电极。热电偶的两个接点中，置于被测介质（温度为 T）中的接点称为工作端或热端；温度为参考温度 T_0 的一端称为冷端。

在热电偶的回路中，热电势 E 与热电偶两端的温度 T 和 T_0 均有关。如果保持 T_0 不变，则热电势 E 只与 T 有关。换言之，在热电偶材料已定的情况下，它的热电势 E 只是被测温度 T 的函数，用动圈仪表或电位差计测得 E 的数值后，便可知被测温度。

1.　常用热电偶的种类

常用热电偶有以下几类。

（1）T 类：铜（+）对康铜（-）

这类热电偶对环境适应性强，抗腐蚀，在真空、氧化、还原或惰性气体中也可使用，适于 0℃ 以下的温度测量，温度上限为 371℃。此外，这类热电偶产生的热电势大，价格便宜，但重复性不太好，故市场上见不到铠装的铜－康铜热电偶。

（2）J 类（国产 TK 类）：铁（+）对康铜（-）

这类热电偶在低于 760℃ 温度下，可在真空、、氧化、还原或惰性气体中使用，但不能在 538℃ 以上的含硫气体中使用。产生的热电势大，价格便宜。

（3）K 类（国产 EU 类）：含铬 10% 的镍、铬合金（+）对含镍 5% 的镍铝或镍硅合金（-）

这类热电偶的抗氧化性比其他金属热电偶好，适宜在 160℃ 以下的氧化或惰性气体中连续使用，但在还原气体中不能使用（除非加保护套管）。在含硫气体中使用时，需加保护套管。因为硫侵害热电极造成晶间腐蚀，使负热电极导线迅速脆化和断裂。这类热电偶的各支热电偶之间，热电性能比较一致，且热电势大，线性好，测温范围宽，价格便宜，适用于酸性环境，是工业生产中最常用的一种热电偶。其缺点是长期使用时，因镍铝氧化变质，热电特性发生改变而影响测量精度。

（4）E 类：含铬 10% 的镍铬合金（+）对康铜（-）

这类热电偶适于 -250 ~ 871℃ 温度范围内的氧化或惰性气体中使用。在还原或氧化与还原交替的环境中使用时，其局限性与 K 类一样。在各类常用热电偶中，E 类热电偶产生的每度电动势值较高，200℃ 时 $\mathrm{d}E_{AB}(t, t_0)/\mathrm{d}t = 74.5\ \mu\mathrm{V/℃}$，所以这类热电偶被广泛使用。

（5）R、S 类（S 类相当于国产的 LB 类）

R 类含铂铑 13% 的铂铑合金（+）对铂（-），S 类含铑 10% 的铂铑合金（+）对铂（-）。

这类热电偶能耐高温，适于在1399℃（国产为1300℃）以下的氧化或惰性气体中连续使用。在高温下易受还原性物质的蒸气和金属蒸气的侵害变质，导致热电偶特性变化，所以不适于在还原性气体中使用。由于容易得到高纯度的铂和铂铑，故这类热电偶的复制精度和测量准确性较高，性能稳定，可用于精确温度的测量和做标准热电偶。其缺点是热电势较弱，热电性质是非线性的，材料为贵金属，成本较高。

（6）B类（国产LL类）：含铑30%的铂铑合金（＋）对含铑6%的铂铑合金（－）

可长期测量1600℃的高温。其性能稳定，精度高，适于在氧化性和中性介质中使用，不适于在还原性气体中使用。其缺点是产生的热电势小，价格昂贵。

（7）国产EA类：含铬10%的镍铬合金（＋）对考铜（含镍44%的镍铜合金）（－）

适于在还原性或中性介质中使用，长期使用温度不宜超过600℃。其特点是热电灵敏度高，热电势大，价格便宜，但温度范围低且窄，考铜合金丝易氧化变质。

2. 热电偶冷端的温度补偿

由热电偶测温的原理知道，只有当热电偶的冷端温度保持不变时，热电势才是被测温度的单值函数。在应用时，由于热电偶的工作端（热端）与冷端离得很近，冷端又暴露于空间，容易受到周围环境温度波动的影响，因而冷端温度难以保持恒定。为此采用下述几种处理方法。

（1）补偿导线法

为了使热电偶的冷端温度保持恒定（最好为0℃），当然可以把热电偶做得很长，使冷端远离工作端，并连同测量仪表一起放置在恒温或温度波动较小的地方（如集中在控制室），但这种方法一方面使安装使用不方便，另一方面也要多耗费许多贵重的金属材料。因此，一般是用一种导线（称补偿导线）将热电偶的冷端延伸出来，这种导线在一定温度范围内（0～100℃）具有和所连接的热电偶相同的热电性能，其材料又是廉价金属。对于常用的热电偶，例如铂铑–铂热电偶。补偿导线用铜–镍铜；镍铬–镍硅热电偶，补偿导线用铜–康铜；对于镍铬–考铜、铁–考铜、铜–康铜等一类用廉价金属制成的热电偶，则可用其本身的材料做补偿导线将冷端延伸到温度恒定的地方。

必须指出，只有当新移的冷端温度恒定或配用仪表本身具有冷端温度自动补偿装置时，应用补偿导线才有意义。如若新移的冷端仍处于温度较高或有波动的地方，那么，此时的补偿导线就完全失去了其应有的作用。因此，热电偶的冷端必须妥善安置。

此外，热电偶和补偿导线连接端所处的温度不应超出100℃，否则也会由于热电特性不同而带来新的误差。

（2）冷端温度校正法

由于热电偶的温度–热电势关系曲线（刻度特性）是在冷端温度保持为0℃的情况下得到的，与它配套使用的仪表又是根据这一关系曲线进行刻度的，因此，尽管已采用补偿导线使热电偶冷端延伸到温度恒定的地方，但只要冷端温度不等于0℃，就还必须对仪表指示值加以修正。

例如，冷端温度高于0℃，但恒定于t_0℃，则测得的热电势要小于该热电偶的分度值。

此时，为求得真实温度可利用式（2-4）进行修正：

$$E(T,0) = E(T,t_0) + E(t_0,0) \tag{2-4}$$

（3）冰浴法

为避免经常校正的麻烦，可采用冰浴法使冷端温度保持恒定0℃。在实验室条件下采用冰浴法，通常是把冷端放在盛有绝缘油的试管中，然后再将其放入装满冰水混合物的容器中，使冷端温度保持0℃。

（4）补偿电桥法

如图2-7（a）所示，在回路中接入一个温度系数大的电阻（通常用铜电阻），这时热电偶回路中总电势 $E_0 = E + IR_{Cu} = E_0 + IR_0(1 + \alpha t)$。其中 E 为热电偶的电势，α 为铜电阻的电阻温度系数；R_0 为0℃时铜电阻的电阻值。当热电偶冷端与铜电阻感受相同温度时，铜电阻上电压的变化 $IR_0 \alpha \Delta T$ 将能补偿热电偶冷端温度变化而引起的热电势变化值。在实际应用中，大多采用具有低内阻的补偿电桥［如图2-7（b）所示］，当电桥处于平衡时，电桥对仪表读数无影响。由于热电偶的热电势对应于温度是非线性关系，所以用一个铜电阻构成的补偿电路在大温度范围内，补偿的误差很大。这时，采用图2-7（c）所示的两个铜电阻补偿方法为好。

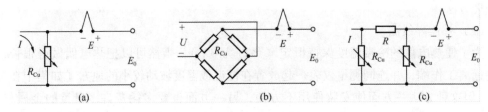

图2-7 补偿电桥

3. 显示仪表

热电偶的显示仪表一般有动圈式仪表、直流电位差计、电子电位差计、数字电压表等。在实验室中使用电位差计比较多，电位差的测量原理基于电压平衡法（或称电压抵消法），故电位差计也被称为"电压天平"。即用已知的电压去平衡欲测的电势，当在测量回路中电流等于零此时显示出来的已知电压值就是被测的电势值。

第二节　压力测量

在化工厂和实验室中经常会遇到压力测量的问题，例如：精馏、吸收等化工单元所用的分离塔需要测量塔顶、塔釜的压力，以便了解塔的操作是否正常；流体在管道中的流动阻力的测定实验中，需测量流体流经管道和管件的压降；在离心泵特性曲线测定实验中要测量泵进、出口压力等等。压力测量仪表大致可以分为：液柱式压力计、弹性式压力计、电气式压力计等。

一、液柱式压力计

液柱式压力计是利用液柱高度产生的压力和被测压力相平衡的原理制成的测压仪表，这种测压仪表具有结构简单、使用方便、精度较高、价格低廉的特点，既有定型产品又可自制，在工业生产和实验室中广泛应用于测量低压或真空度。

1. 液柱式压力计的结构

液柱式压力计的结构形式有 3 种：U 形管压力计、单管压力计、（又称杯形压力计）和斜管压力计。液柱式压力计的结构形式和特性见表 2-2。

U 形管压力计的结构由表 2-2 可见，U 形管压力计是将一根内径为 6～10mm 的玻璃管弯成 U 形，然后将其垂直固定在平板上，U 形管中间装有刻度标尺，刻度零点在标尺的中央。管子内充灌水、水银或其他液体，并使液面与零点刻度一致。用 U 形管压力计测量液体的压力差时，必须读出两管中液面的高度。

表 2-2　液柱式压力计的结构形式和特性

名称	示　意　图	测量范围	静态方程	备　注
U 形管压差计		高度差 R 不超过 800mm	$\Delta p = Rg(\rho_0 - \rho)$（液体） $\Delta p = Rg\rho$（气体）	零点在标尺中间，用前不需调零，常用做标准压差技术校正流量计
倒置 U 形管压差计		高度差 R 不超过 800mm	$\Delta p = Rg(\rho_0 - \rho)$（液体）	以待测液体为指示液，适用于较小压差的测量
单管压差计		高度差 R 不超过 1500mm	$\Delta p = R\rho(1 + S_1/S_2)g$ 当 $S_1 \ll S_2$ 时 $\Delta p = R\rho g$ S_1：垂直管截面积 S_2：扩大室截面积（下同）	零点在标尺下端，用前需调整零点，可用做标准器
斜管压差计		高度差 R 不超过 200mm	$\Delta p = L\rho g(\sin\alpha + S_1/S_2)$ 当 $S_2 \gg S_1$ 时 $\Delta p = L\rho g\sin\alpha$	α 小于 10°～20°时，可改变 α 的大小来调整测量范围。零点在标尺下端，用前需调整

名称	示意图	测量范围	静态方程	备注
U形管双指示液压差计		高度差 R 不超过 500mm	$\Delta p = Rg\left(\rho_A - \rho_C\right)$	U形管中装有 A、C 两种密度相近的指示液，且两臂上方有"扩大室"，旨在提高测量精度

如果用 U 形管压力计测量水平管道液体流经两截面的压强差时，根据流体静力学基本方程式可得：

$$\Delta p = R(\rho_0 - \rho)g \qquad (2-5)$$

式中 Δp——管道两截面的压强差，Pa；

$\quad\quad R$——U 形管压力计液柱高度读数，m；

$\quad\quad \rho_0$——U 形管压力计指示液的密度，kg/m^3；

$\quad\quad \rho$——被测液体的密度，kg/m^3。

U 形管压力计不但可用来测量液体的压强差，而且也可测量流体在任一处的压强，如果 U 形管的一端与设备或管道某一截面相连，另一端与大气相通，这时 U 形管压力计的读数 R 是反映设备或管道中某截面流体的绝对压强与大气压强之差，即为表压强。

2. 液柱式压力计使用注意事项

液柱式压力计虽然构造简单、使用方便、测量准确度高，但耐压程度差、结构不牢固、容易破碎、测量范围、校示值与工作液体密度有关，因此在使用中必须注意以下几点：

①被测压力不能超过仪表测量范围。有时因被测对象突然增压或操作不注意造成压力增大，会使指示液冲走，在实验操作中要特别引起注意。

②避免安装在过热、过冷、有腐蚀性液体或有振动的地方。

③选择指示液体时要注意不能与被测液体混溶或发生反应，根据所测的压力大小，选择合适的指示液体，常用指示液体如水银、水、四氯化碳、苯甲醇、煤油、甘油等。注入指示液体时，应使液面对准标尺零点。

④由于液体的毛细现象，在读取压力值时，视线应在液柱面上，观察水时应看凹面处，观察水银面时应看凸面处。

⑤在使用过程中保持测量管和刻度标尺的清晰，定期更换工作液。经常检查仪表本身和连接管间是否有泄漏现象。

二、弹性压力计

弹性压力计是利用各种不同形状的弹性感压元件在被测压力的作用下，产生弹性变形的原理制成的压力仪表。这种仪表具有构造简单、牢固可靠、测压范围广、使用方便、造价低廉、有足够的精确度等优点，便于制成发送信号、远距离指示及控制单元，所以它是工业部门应用最为广泛的测压仪表。

弹性压力表根据测压范围的大小，有着不同的弹性元件。按弹性元件的形状结构，弹性压力表有四种形式：弹簧压力表（单圈弹簧管压力表、多圈弹簧管压力表）、膜片压力表、膜盒压力表和波纹管压力表。

1. 弹簧压力表

弹簧压力表分单圈及多圈弹簧管式两种压力表。单圈弹簧管压力表可用于真空测量，也可用于高达 10^3 MPa 的高压测量，品种型号繁多，使用最为广泛。根据测压范围一般又分为压力表、真空表及压力真空表。按精度等级来分有精密压力表（精密等级 0.25）、标准压力表（精密等级 0.4）和普通压力表（精密等级 1.5 和 2.5）；按用途分有压力表、真空表、氨气压力表、氧气压力表、乙炔压力表、氢气压力表等；按信号显示方式来分有双针双管压力表（即两个单管压力测量系统装在一个表壳内，可测量两个压力）、电接点压力表、远传压力表等；按适应特殊环境的能力来分有防爆压力表、耐震压力表、耐硫压力表、耐酸压力表等。多圈弹簧管压力表灵敏度高，常用于压力式温度计。

（1）弹簧管压力表的结构

普通单圈弹簧管压力表的结构如图2-8所示，被测压力由接头9通入，迫使弹簧管1的自由端 B 向右上方扩张。自由端 B 的弹性变形位移由拉杆2使扇形齿轮3作逆时针偏转，于是指针5通过同轴的中心齿轮4的带动而作顺时针偏转，从而在面板6的刻度标尺上显示出被测压力值。

游丝7的一端与中心齿轮轴固定，另一端在支架上，借助于游丝的弹力使中心齿轮与扇形齿轮始终只有一侧啮合面啮合，这样可以消除扇形齿轮与中心齿轮之间固有啮合间隙而产生的测量误差。

扇形齿轮与拉杆相连的一端有开口槽，改变拉杆和扇形齿轮的连接位置，可以改变传动机构。

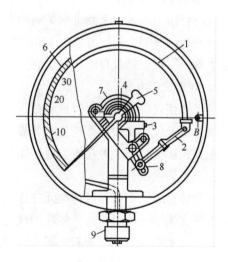

图2-8　普通单圈弹簧管压力表

1—弹簧管；2—拉杆；3—扇形齿轮；
4—中心齿轮；5—指针；6—面板；
7—游丝；8—调整螺丝；9—接头

（2）弹簧管压力计使用安装中的注意事项

为了确保弹簧管压力计测量的正确性和长期使用，仪表安装与维护是十分重要的，在使用时应注意下列各项规定。

①仪表应在正常允许的压力范围内使用，一般压力不应超过测量上限的70%，在压力波动时，不应超过测量上限的60%。工业用压力表应在环境温度 $-40 \sim 60$℃，相对湿度不

大于80%的条件下使用。

②仪表安装处与测压点间的距离应尽量短，以免指示迟缓。而且仪表的安装高度应与测压点相同或相近，否则将产生液柱附加压力误差，必要时需加修正值。

③在振动情况下使用仪表时要装减震装置，测量结晶或黏度大的介质时要加装隔离器，仪表必须垂直安装，无泄漏现象，取压口到压力表之间应装有切断阀以备检修压力表时使用。

④测量爆炸、腐蚀、有毒气体的压力时，应使用特殊的仪表，如氧气压力表，严禁接触油类，以免发生爆炸。

⑤仪表必须定期校验，合格的仪表才能使用。

2. 膜片压力表

膜片压力表的最大优点是可用来测量黏度较大的介质压力。如果膜片和下盖是用不锈钢制造，或膜片和下盖内侧涂以适当的保护层（如F-3氟塑料），还可以用来测量某些腐蚀介质的压力。

3. 膜盒压力表

膜盒压力表适用于测量空气和对铜合金不起腐蚀作用的气体的微压和负压。

4. 波纹管压力表

波纹管压力表常用来测量对黄铜和碳素钢无腐蚀作用、低黏度、洁净、不结晶和不凝固介质在0~400kPa的压力。由于波纹管在压力的作用下位移较大，所以它除用于指示型仪表之外，一般都做成自动记录仪表。有的波纹管压力表还带电接点装置和调节装置。

5. 电气式压力表

为了适用现代化工业生产过程对压力测量信号进行远距离传送、显示、报警、检测与自动调节以及便于应用计算机技术等需要，常常采用电气式压力计。

电气式压力计是一种将压力值转换成电量的仪表。一般由压力传感器、测量电路和指示、记录装置组成。

压力传感器大多数仍以弹性元件作为感压元件。弹性元件在压力作用下的位移通过电气装置转变为某一电量，再由相应的仪表（称二次仪表）将这一电量测出，并以压力值表示出来。这类电气式压力表有电阻式、电感式、电容式、霍尔式、应变式和振弦式等。还有一类是利用某些物体的物理性质与压力有关而制成的电气式压力表，如压电晶体、压敏电阻等制成的压力传感器就属于此类压力表，该压力传感器本身可以产生远传的电信号。

三、取压点的选择及取压孔

1. 取压点的选择

为了正确地测压取得静压值，取压点的选择十分重要，取压点必须尽量选择在受流体流动干扰最小处，如在管线上取压，取压点应该选在离流体上游的管线、管件或其他障碍物40~50倍管内径的距离，使紊乱的流线流过一段距离的稳定段后靠近壁面处的流线与管壁面平行，避免动能对测量的影响。若受条件限制不能保证（40~50）$d_内$ 的稳定段，可设置整流板或整流管等措施。

2. 取压孔口

取压孔口（又称测压孔），由取压管（又称测压管）连接至压强计或压力仪表显示该测压处的压强。由于在管道壁面上开设了取压孔口，流体流过取压口时流线会向孔内弯曲而引起漩涡。因此，从取压口引出的静压强与流体真实的静压强存在着误差，该误差与孔附近的流动状态有关，与孔的尺寸、几何形状、孔轴的方向和孔的深度及开孔处壁面的粗糙度有关。孔径尺寸愈大，流线弯曲的愈严重，产生的涡流也大，引起测量误差也越大。所以从理论上分析取压口越小越好，但孔口太小了加工困难，同时易被脏物堵塞，另外，测量的动态性能差。一般孔径为 $0.5 \sim 1\text{mm}$（精度要求稍低的场合，可适当放粗孔径尺寸。孔深 h/孔径 $d \geq 3$，孔的轴线要垂直壁面，孔的边缘不应有毛刺，孔周围处的管道壁面要光滑，不应有凹凸部分。取压孔的方位，视流体的具体情况而定；为气体时，一般孔口径位于管道上方；为蒸汽时，位于管道的侧面；为液体时，位于与水平轴线成 $45°$ 角处。如图 2-9 所示。

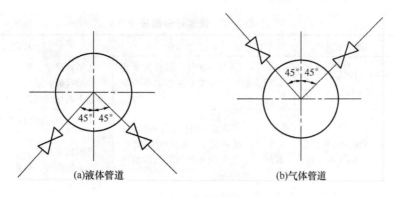

(a)液体管道　(b)气体管道

图 2-9　流体管道的取压口

由于测压是以管壁面上的测量值表示该断面处的静压，因此，可在该断面装取压环（如图 2-10 所示）代替单孔取压，以消除管道断面上各点的静压差不均匀流动引起的附加误差。

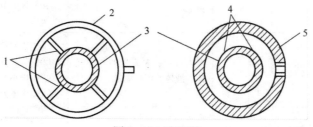

图 2-10　取压环

1—取压管；2—环形管；3—管道；4—取压孔口；5—取压环

第三节 流量测量

流量是化学工业生产过程和科学实验中的重要参数，不论化工和科学实验都要进行流量的测量，以进行核算过程中物料的输送和配比，流动介质的工艺流动物料和能量的平衡等问题都与流量有着密切的关系，工业生产的自动化和优化控制更是离不开流量的测量和控制。

流量是表示单位时间流过的流体质量（kg/h）或流体体积（m³/h），前者称质量流量，后者称体积流量。测量流量的方法和仪表很多，目前工业上的流量测量仪表的分类，若按作用原理分，常用的流量仪表有：面积式流量计、压差式流量计、流速式流量计和容积式流量计等。这四大类都有相应的仪表产品，它们的流量测量范围、精度等级、适用场合和有关特点分别见表2-3流量计分类表。

表2-3 流量计分类表

	名称	测量范围	精度	适用场合	特点
面积式	玻璃管转子流量计	$16 \sim 1 \times 10^6$ L/h（气） $1.0 \sim 4 \times 10^4$ L/h（液）	2.5	空气、氮气、水及与水相似的其他安全流体的小流量测量	①结构简单，维修方便； ②精度低； ③不适用于有毒介质及不透明介质
	金属管转子流量计	$0.4 \sim 3000$ Nm³/h（气） $12 \sim 1 \times 10^5$ L/h（液）	1.5 2.5	①流量大幅度变化的场合； ②高黏度、腐蚀性流体； ③差压式导压管及容易汽化的场合	①具有玻璃管转子流量计的主要特点； ②可远传； ③具防腐性，可用于酸、碱、盐等腐蚀介质
	冲塞式流量计	$4 \sim 60$ m³/h	3.5	各种无渣滓、无结焦介质的现场指示、积算	①结构简单； ②安装使用方便； ③精度低，不能用于脉冲流量测量
压差式	节流装置流量计	$60 \sim 25000$ mmH₂O	1	非强腐蚀的单向流体的流量测量，允许有一定的压力损失	①使用广泛； ②结构简单； ③对标准节流装置不必个别标定即可使用
	匀速管流量计			大口径、大流量的各种气体、液体的流量测量	①结构简单； ②安装、拆卸、维修方便； ③压损小，能耗少； ④输出压差较低
流速式	旋翼式水表	$0.045 \sim 2800$ m³/h	2	主要用于水的测量	①结构简单，表型小，灵敏度高； ②安装使用方便；
	涡轮流量计	$0.04 \sim 6000$ m³/h（液） $2.5 \sim 350$ m³/h（气）	$0.5 \sim 1$	用于黏度较小的洁净流体，及宽测量范围内的高精度测量	①精度较高，适于计量； ②耐温耐压范围较广； ③变送器体积小，维护容易； ④轴承易损坏，连续使用周期短

续表

名称		测量范围	精度	适用场合	特点
流速式	漩涡流量计	$0 \sim 3m^3/h$（水）$0 \sim 30m^3/h$（气）	1.5	适用于各种气体和低黏度液体的测量	①量程变化范围宽；②结构简单，维修方便
	电磁式流量计	$2 \sim 5000m^3/h$	1	适用于电导率 $> 10^{-4}S/cm$ 的导电液体的流量测量	①只能测导电液体；②测量精度不受介质黏度、密度、温度、电导率变化的影响；③几乎无压损；④不适合测量铁磁性物质
	分流旋翼式蒸汽流量计	$0.05 \sim 12t/h$	2.5	精确计量饱和水蒸气的质量流量	①安装方便；②直读式，使用方便；③可对饱和水蒸气的流量进行压力校正补偿
容积式	椭圆齿轮流量计	$0.05 \sim 120m^3/h$	$0.2 \sim 0.5$	适用于高黏度介质流量的测量	①精度较高；②计量稳定；③不适用于含有固体颗粒的流体
	湿式气体流量计	$0.2 \sim 0.5m^3/h$		直接用于测量气体流量，也可作为标准计量仪器以标定其他流量计	①测量气体体积总量，准确度较高；②小流量时误差较小；③实验室常用仪表

一、面积式流量计

转子流量计是常用的面积式流量计，由于使用中当转子处于任一平衡时，其两端压差总是恒定值，所以转子流量计又被称为衡压差式流量计。

1. 转子流量计的结构

转子流量计的应用很广泛。它分为玻璃管流量计、气远传转子流量计和电远传转子流量计三大系列，其中玻璃管流量计用于现场透明流体介质的就地测量，而后两种转子流量计则可通过气信号或电信号的远传在离现场较远的地方从二次显示仪表上观察流量的大小，此时流体介质就不一定非要透明。不过，无论哪种转子流量计，它们的测量原理都是相同的。

玻璃转子流量计主要由支承连接件、锥管、转子三部分组成。

（1）支承连接件：根据不同型号和口径，有法兰连接、螺纹连接和软管连接。

（2）锥管：通常用高硼硬质玻璃制成，也有用有机玻璃制造的。

（3）转子：常有两种形状。图 2-11（a）多用于流体中小流量测量，图 2-11（b）多用于流体大流量测量。转子的材料视被测介质的性质和所测流量的大小而定，有铜、铝、塑料和不锈钢等。转子可制成空心的，也有制成实心的。

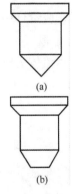

图 2-11 转子

2. 转子流量计的工作原理

转子流量计是一个由下往上逐渐扩大的锥形管（通常用玻璃制成，锥度为 $40' \sim 3°$）；另一个是放在锥形管内的可自由运动的转子。工作时，被测流体（气体或液体）由锥形管下部进入，沿着锥形管向上运动，流过转子与锥形管之间的环隙，再从锥形管上部流出。当流体流过锥形管时，位于锥形管中的转子受到一个向上的"冲力"，使转子浮起。当这个力正好等于浸没在流体里的转子质量（即等于转子重量减去流体对转子的浮力）时，则作用在转子上的上下两个力达到平衡，此时转子就停浮在一定的高度上。假如被测流体的流量突然由小变大时，作用在转子上的"冲力"就加大。因为转子在流体中的重量是不变的（即作用在转子上的向下力是不变的），所以转子就上升。由于转子在锥形管中位置的升高，造成转子与锥形管间的环隙增大（即流通面积增大），随着环隙的增大，流体流过环隙时的流速降低，因而"冲力"也就降低，当"冲力"再次等于转子在流体中的重量时，转子又稳定在一个新的高度上。这样，转子在锥形管中的平衡位置的高低与被测介质的流量大小相对应。如果在锥形管外沿其高度刻上对应的流量值，那么根据转子平衡位置的高低就可以直接读出流量的大小。这就是转子流量计测量的基本原理。

转子流量计中转子的平衡条件是，转子在流体中的质量等于流体对转子的"冲力"，由于流体的"冲力"实际上就是流体在转子上下的静压降与转子截面积的乘积，所以转子在流体中的平衡条件是

$$V_{转}(\rho_{转} - \rho)g = (p_1 - p_2)A_{转} \tag{2-6}$$

式中　$V_{转}$——转子的体积，m^3；

　　　$\rho_{转}$——转子材料的密度，kg/m^3；

　　　ρ——被测流体的密度，kg/m^3；

　　　g——重力加速度，m/s^2；

　p_1、p_2——转子上、下流体作用在转子上的静压强，Pa；

　　　$A_{转}$——转子的最大横截面积，m^2。

由于在测量过程中，$V_{转}$、$\rho_{转}$、ρ、$A_{转}$ 均为常数，所以 $p_1 - p_2$ 也应为常数。这就是说，在转子流量计中，流体的压降是固定不变的。所以，转子流量计是恒定压降变节流面积法测量流量。

由流体力学原理可知，压力差 $p_1 - p_2$ 可用流体流过转子和锥形管的环隙时的速度来表示

$$p_1 - p_2 = \xi \frac{\rho u^2}{2} \tag{2-7}$$

式中　ξ——阻力系数，与转子的形状、流体的黏度等有关，无因次；

　　　u——流体流过环隙时的流速，m/s。

由式（2-6）与式（2-7）就可求得流过环隙截面流体的流速为

$$u = \sqrt{\frac{2V_{转}(\rho_{转} - \rho)g}{\xi \rho A_{转}}} \tag{2-8}$$

若用 A_0 表示转子与锥形管间环隙的截面积，用 $\varphi = \sqrt{\dfrac{1}{\xi}}$ 代表校正因素，就可以求出流过转子流量计的流体质量流量

$$G = u\rho A_0 = \varphi A_0 \sqrt{\frac{2V_{\text{转}}(\rho_{\text{转}} - \rho)\rho g}{A_{\text{转}}}} \tag{2-9}$$

或用体积流量表示

$$Q = uA_0 = \varphi A_0 \sqrt{\frac{2V_{\text{转}}(\rho_{\text{转}} - \rho)g}{\rho A_{\text{转}}}} \tag{2-10}$$

对于一定的仪表，φ 是个常数。从式（2-9）和式（2-10）可以看出，当用转子流量计来测量某种流体流量时，流过转子流量计的流量只与转子和锥形管间环隙截面积 $A_{\text{转}}$ 有关。由于锥形管由下往上逐渐扩大，所以 $A_{\text{转}}$ 与转子浮起的高度有关。这样，根据转子的高度就可判断被测介质的流量大小。

3. 转子流量计的安装和使用

（1）转子流量计必须垂直安装，流体必须自下而上地通过锥形管。进出口应有 5 倍管道直径以上的直管段。

（2）仪表应安装在没有振动并便于维修的地方。在生产管线上安装时，应加装与仪器并联的旁路管道，以便在检修仪表时不影响生产的正常进行。在仪表启动时，应先由旁路运行，待仪表前后管道内充满流体时再将仪表投入使用并关断旁路，以避免仪器因受冲击而损坏，安装前应清洗管道，以防管道内残存的杂质进入仪表而影响正常工作。

（3）转子对粘污比较敏感，如果粘附有污垢则转子质量、环形通道的截面积会发生变化，有时还可能出现转子不能上下垂直浮动的情况，从而引起测量误差。

（4）安装玻璃管式浮子流量计时，应将其上、下管道固定牢靠，切不可让仪表来承受管道重量。当被测流体温度高于70℃时，应加装保护罩，以防仪表的玻璃管遇冷炸裂。

（5）调节或控制流量不宜迅速开启阀门，由于流速突然过大的冲击，会使转子冲到顶部卡住或受损。

（6）转子流量计只适于测量洁净的流体流量，测量有杂质的流体需在转子流量计前加装过滤器。

4. 转子流量计流量指示值修正

转子流量计是一种非标准化仪表，每台转子流量计都附有出厂标定的流量数据。对用于测量液体的流量计，制造厂是在常温（20℃）下用水标定的；对用于测量气体的流量计，则是用标准状态（20℃，$1.013 \times 10^5 \text{Pa}$）下空气进行标定的。然而在实际使用时，由于被测介质与标定状态不同（液体不是水，气体不是空气，密度不同）和所处的工作状态（温度和压力）的不同，使转子流量计的指示值和被测介质实际流量值之间存在一定差别，为此，必须对流量指示值按照被测介质的密度、温度、压力等参数的不同或变动进行修正。

对于液体介质，可用如下公式修正：

$$V = V_0 \sqrt{\frac{\rho_0 (\rho_{转} - \rho)}{\rho_1 (\rho_{转} - \rho_1)}} \qquad (2-11)$$

式中　V——被测介质的实际流量，m/s；

　　　V_0——仪表用水标定的读数，m/s；

　　　$\rho_{转}$——转子的密度，kg/m³；

　　　ρ_0——出厂标定时水的密度，kg/m³；

　　　ρ_1——被测介质的密度，kg/m³。

对于气体介质，修正公式如下：

$$V = V_0 \sqrt{\frac{\rho_0 p_0 T_1}{\rho_1 p_1 T_0}} \qquad (2-12)$$

式中　V——工作状态下气体的体积流量，m³/s；

　　　ρ_1——工作状态下气体的密度，kg/m³；

　　　p_1——工作状态下气体的压力，Pa；

　　　T_1——工作状态下气体的温度，K；

　　　V_0——标定状态下气体的体积流量，m³/s；

　　　ρ_0——标定状态下气体的密度，kg/m³；

　　　p_0——标定状态下气体的压力，Pa；

　　　T_0——标定状态下气体的温度，K。

二、压差式流量计

压差式流量计是利用流体流经节流装置或匀速管时产生的压力差来实现流量测量的。其中用节流装置和压差计所组成的压差式流量计，是目前工业生产中应用最广的一种流量测量仪表，它使用历史悠久，已积累了丰富的实践经验和完整的实验资料，节流装置的设计计算都有统一的标准规定。因此，可以根据计算结果直接进行制造和使用，不必用实验方法进行单独标定。通用的节流装置有孔板、喷嘴、文丘里管和文丘里喷嘴等，其中前两种最常用，如图 2-12、图 2-13 所示。

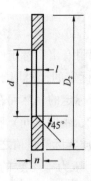　　　　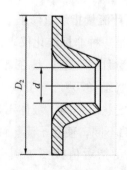

图 2-12　孔板的结构　　　　　　图 2-13　喷嘴的结构

这里只着重介绍节流装置和压差计的有关内容。

1. 节流现象及其原理

连续流动的流体遇到安装在管道内的节流装置时（节流装置中间有个圆孔，孔径比管道内径小），流体流通面积突然缩小，流体的流速增大，挤过节流孔，形成流束收缩。当挤过节流孔之后，流速又由于流通面积的变大和流束的扩大而流速降低。与此同时，在节流装置前后的管壁处的流体静压力产生差异，形成静压差，此即为节流现象。因此，节流装置的作用在于造成流束的局部收缩，从而产生压差。流过的流量愈大，在节流装置前后所产生的压差也就愈大，因此可通过测量压差来计算流体流量的大小。

流体流过节流装置产生压差的原理称为节流原理。流体流过节流装置所产生的压差和流量的关系式

$$V = C_0 A_0 \sqrt{\frac{2gR(\rho_0 - \rho)}{\rho}} \qquad (2-13)$$

2. 常用的节流元件和取压方式

（1）节流元件

1）孔板

标准孔板的形状如图 2-12 所示。它是一带有圆孔的板，圆孔与管道同心，直角入口边缘非常锐利。

标准孔板的进口圆筒部分应与管道同心安装。孔板必须与管道轴线垂直，其偏差不得超过 ±1°。孔板材料一般是不锈钢、铜或硬铝。

孔板的特点：结构简单，易加工造价低，但能量损失大于喷嘴和文丘里管流量计。

孔板安装应注意方向，不得装反。加工时要求严格，直角入口边缘要锐利无毛刺等，否则将影响测量精度。因此对于在测量过程中易使节流元件变脏、磨损和变形的脏污或腐蚀性介质不宜使用孔板。

2）喷嘴

标准喷嘴是一块带短喇叭的圆板，流入面的截面是逐渐变化的，如图 2-13 所示。喷嘴适用的管道直径 D 为 50~1000mm。孔径比为 0.32~0.8，雷诺数 $2 \times 10^4 ~ 2 \times 10^6$。

喷嘴特点：能量损失仅次于文丘里管，有较高的测量精度，喷嘴前后所需的直管长度较短可适用于腐蚀性大、易磨损和脏污的被测介质。

3）文丘里管

文丘里管流量计的结构图见图 2-14。它是一段逐渐收缩后再逐渐扩大的管道，上游进口截面的直径为 D、截面积为 F_1，然后是一个收缩段，收缩角 β 一般为 19°~23°。中间有一段平直的喉道，直径为 d，截面积为 F_2，喉道平直段长度 L 等于 d。最后是一段扩张段，扩张角 φ 为 5°~15°，使得流量计的管道逐渐过渡到与原来管道截面一样大小。

流体经过收缩段加速减压，使喉道处静压小于上游进口截面的静压，流速越大，喉道与上游截面之间的静压差越大，静压差反映了管道内流量的大小，在进口段取静压 p_1，在喉道处取静压 p_2。文丘里管前后分别有长 8D 与 5D 的光滑直管段，喉道截面与管道截面之比 A_1/A_2 一般在 0.2~0.5 之间。

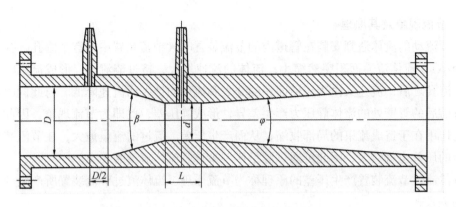

图 2-14　文丘里管流量计结构图

义丘里管特点：能量损失是各种节流元件中最小，流体流过文丘里管后压力基本能恢复。文丘里管制造工艺复杂，成本高。

（2）取压方式

节流装置的取压方式很多，当采用的取压方式不同时，其流量系数也不相同。就孔板

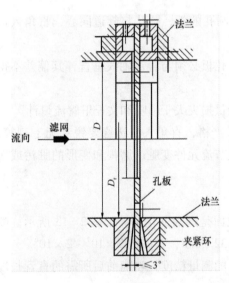

图 2-15　角接取压法

而言，大致有角接取压法、法兰取压法、理论取压法和径距取压法 4 种，尤以角接取压法和法兰取压法两种方式应用最广。

1）角接取压法

角接取压法的具体结构形式有两种：环室的和单独钻空的取压法，如图 2-15 所示。

环室取压是一种最为普遍采用的取压方法，在加工制造和安装质量严格确保的前提下，这种取压方法能得到较高的测量精度。当节流装置前后直管段长度能满足要求的时候，也可采用单独钻孔方式取压。但要注意，钻孔的最远边缘和节流装置端面的距离应不超过 $0.03D$。钻孔孔径应不超过 $0.03D$，但不小于 4mm，又不大于 15mm（D 为管道内径）。

2）法兰取压法

法兰取压的具体尺寸是上下游取压中心均位于距孔板两侧相应端面 25.4mm 处，如图 2-16 所示。法兰取压法加工、安装方便，目前，法兰取压法在工业上的应用也也已相当普遍。

3）理论取压法

理论取压法上游取压管中心位于距孔板前端面一倍管道直径处，下游取压管中心位于流束最小截面处（即缩脉处），在推导节流装置理论方程时，用的是这两个截面取出的压力差，所以称为理论取压法。但是，孔板后缩脉最小截面积与孔径比和流量有关，随孔径

比和流量的不同，缩脉截面始终在变化，而取压点只能选在一个固定位置，因此，在整个流量测量范围内，流量系数不能保持恒定。另外，由于取压点远离孔板端面，难以实现环室取压，对测压准确会带来一定的影响，理论取压法的优点是所测得的压差较大。

4）径距取压法

径距取压法上游取在管中心位于距离孔板前端面一倍管道直径处，下游端取压管中心距离孔板前端面 $0.5D$ 处，所以径距取压法也叫 $1.0D \sim 0.5D$ 取压法。一般径距取压法测得的差压值较理论取压法小。

（3）测速管（皮托管）

测速管又名皮托管，是用来测量导管中流体的点速度的，它的构造如图 2-17 所示。

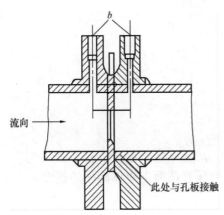

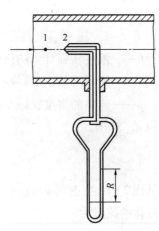

图 2-16　法兰取压标准孔板示意图　　　　图 2-17　测速管

测速管由两根弯成直角的同心套管所组成。外管的管口是封闭的，在外管壁面四周开有测压小孔，外管及内管的末端分别与液柱压强计相连接。测速管的管口正对着导管中流体流动的方向，在测量过程中，测速管内充满被测量的流体。设在测速管口前面一小段距离处点 1 的流速为 u_1，静压强为 p_1，当流体流过测速管时因受到测速管口的阻挡，使点 1 至测速管口点 2 间的流速逐渐变慢，而静压强则升高，在管口点 2 处的流速 u_2 为零（因测速管内的流体是不流动的），静压强增至 p_2。管口上流体静压头的增高是由于点 1 至点 2 间流体的速度头转化而来，所以，在点 2 上所测得的流体静压头为

$$\frac{p_2}{\rho g} = \frac{p_1}{\rho g} + \frac{u_1^2}{2g} \qquad (2-14)$$

式中　ρ——流体密度，kg/m^3。

即在测速管的内管所测得的压头为管口所在位置的流体静压头和动压头之和，合称为冲压头。

测速管的外管壁面与导管中流体的流动方向平行，流体在管壁垂直方向的分速度等于零，所以，在外管壁面测压小孔上测得的是流体的静压头 $p_1/\rho g$。因测速管的管径很小，一般为 5～6mm，所以测压小孔与内管口的位置高度可以看成在同一水平线上。在测速管末端液柱压强计上所显示的压头差为管口所在位置水平线上的速度头 $u_1^2/2g$：

$$\Delta h = \frac{p_2}{\rho g} - \frac{p_1}{\rho g} = \frac{p_1}{\rho g} + \frac{u_1^2}{2g} - \frac{p_1}{\rho g} = \frac{u_1^2}{2g} \tag{2-15}$$

或

$$u_1 = \sqrt{2g\Delta h} \tag{2-16}$$

式中 u_1——测速管口所在位置水平线上流体的点速度，m/s；

　　　　Δh——液体压强计的压头差，m 流体柱；

　　　　g——重力加速度（$g = 9.81\text{m/s}^2$）。

如果将测速管的管口对准导管中心线，此时，所测得的点速度为导管截面上流体的最大速度 $u_{\max}$，仿照式（2-16）可写出

$$u_1 = \sqrt{2g\Delta h} = \sqrt{\frac{2gR(\rho_0 - \rho)}{\rho}} \tag{2-17}$$

式中 R——液柱压强计上的读数，m；

　　　　ρ_0——指示液的密度，kg/m^3；

　　　　ρ——流体的密度，kg/m^3。

由 $u_{\max}$ 算出

$$Re_{\max} = \frac{du_{\max}\rho}{\mu} \tag{2-18}$$

从图2-18中查到 $u/u_{\max}$ 的数值，即可求得导管截面上流体的平均速度 $\bar{u}$，于是，导管中流体的流量为

$$Q = Au = \frac{\pi}{4}d^2u \tag{2-19}$$

式中 Q——流体的流量，m^3/s；

　　　　A——导管的截面积，m^2；

　　　　d——导管的内径，m。

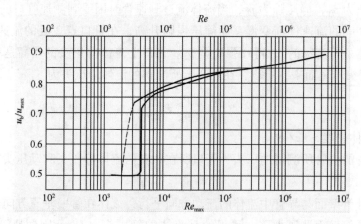

图2-18　平均流速对最大流速比与 $Re_{\max}$ 的关系

为了提高测量的准确性，测速管须装在直管部分，并且与直管的轴线相平行。管口至

能产生涡流的地方（如弯头、大小头和阀门等），必须大于 50 倍直管直径长度，在这样的条件下，流体在直管中的速度分布是稳定的，在直管中心线上所测定的点速度才是最大速度。测速管在使用前必须校正。

测速管装置简单，对于流体的压头损失很小，它的特点是只能测定点速度，可用来测定流体的速度分布曲线。

三、速度式流量计

1. 涡轮式流量计

涡轮式流量计是一种速度式流量仪表，它具有测量精度高、反应快、耐压高等特点，因而在工业生产中的应用日益广泛。

（1）涡轮式流量计的结构和原理

1）涡轮式流量计的结构

涡轮式流量变送器的结构如图 2－19 所示。将涡轮置于摩擦力很小的滚珠轴承中，由磁钢和感应线圈组成的磁电装置装在磁电感应转换器的壳体上。当流体流过变送器时，便推动涡轮转动，并在磁电感应转换器感应出电脉冲信号，放大后送入显示仪表。

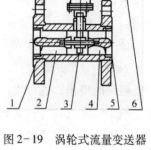

图 2－19　涡轮式流量变送器
1—壳体组件；2—前导向架组件；
3—涡轮组件；4—后导向架组件；
5—压紧圈；6—带放大器的
磁电感应转换器；

2）涡轮式流量计的原理

流体流经变送器时，涡轮转动使导磁的叶片周期性地改变着检测器中磁路的磁阻值，使通过感应圈的磁通量随之变化。这样，在感应线圈的两端即产生出电脉冲信号。在一定的流量范围内，该电脉冲的频率 f 与流经变送器的介质的体积流量 Q 成正比，即

$$f = K \cdot Q \tag{2-20}$$

式中　K——比例常数。

这样，显示仪表即可通过脉冲次数求得流体流过的瞬时流量及某段时间内的积累流量。

（2）涡轮式流量计的特点

①精度高，可达 0.5 级以上，故可作为流量的准确计量仪表。

②反应迅速，适用于测量脉动流量。

③量程范围宽，刻度线性。

选购 LW 系列涡轮流量变送器的主要技术数据是：测量范围（最大流量、最小流量）、口径、压力。

（3）涡轮式流量计的安装

①涡轮式流量计应水平安装，管道中流体的流动方向应与变送器标牌上箭头的方向一致，进、出口处前后的直管段应不小于 15D 和 5D，调节流量的阀门应在后直管段 5D 以

外处。

②为了避免流体中的杂质如颗粒、纤维、铁磁物等堵塞涡轮叶片和减少轴承磨损，安装时应在变送器前的直管段前部安装 20～60 目的过滤器，要求管径小的目数密，管径大的目数稀。过滤器在使用一段时间后，根据具体情况定期拆下清洗。

③变送器应安装在不受外界电磁场影响的地方，否则应在变送器的磁电感应转换器上加设屏蔽罩。

④涡轮流量变送器与二次显示仪表都应有良好的接地，连接电缆应采用屏蔽电缆。

（4）涡轮式流量计的使用与维护

①涡轮式流量计变送器与显示仪表连接使用，通常采用数字式频率积算仪作为二次显示仪表，以测出流量的瞬时值和积累值。频率积算仪的产品型号很多，这里不作详细的介绍。

②变送器比例常数 K 在一般情况下，除受介质的黏度影响外，几乎只与其几何参数有关。因而一台变送器设计、制造完成之后，其仪表常数即已确定，而这个值是要经过标定才能确切的得出，通常生产厂家用常温下的洁净水对出厂涡轮变送器进行标定，并在校验单上给出仪表常数等有关数据。

由于仪表常数受被测介质黏度变化的影响，因而用户测量黏度不大于 $10^{-2} Pa \cdot s$ 的液体流量时，若涡轮流量变送器公称直径 $D_g \geqslant 25mm$，则可直接使用生产厂用水标定的结果，否则要想保证有足够精确的测量结果，用户应用实测介质重新标定仪表常数。

③由于变送器在工作时叶轮高速旋转，即使润滑情况良好时也仍有磨损产生。这样，在使用过一段时间后，因磨损致使涡轮变送器不能正常工作，就应更换轴或轴承，并经重新标定后才能使用。

2. 电磁流量计

电磁流量计是应用导电流体在磁场中运动产生感应电势的原理的一种仪表，由电磁感应定律可知，导体在磁场中运动而切割磁力线，在导体中便会有感应电势产生，感应电势与体积流量具有线性关系，因此在管道两侧各插入一根电极，便可以引出感应电势，由仪表指示流量的大小，凡是导电液体均可用电磁流量计进行计量，它的应用范围较广，能够用来测量各种腐蚀性的酸、碱、盐溶液以及含有固体颗粒，如泥浆或纤维的导电液体的流量。由于电磁流量计本身容易消毒，它又可用于有特殊卫生要求的医药工业和食品工业等方面的流量测量，如血浆、牛奶、果汁、酒类等。此外，它也可用于自来水和污水的大型管道的流量测量。

四、容积式流量计

1. 椭圆齿轮流量计

椭圆齿轮流量计是容积式流量计的一种，用于精密地连续或间断地测量管道中液体的流量或瞬时流量。它特别适用于重油、聚乙烯醇、树脂等黏度较高介质的流量测量。

2. 湿式流量计

该仪器属于容积式流量计。它是实验室常用的一种仪器，主要由圆鼓形壳体、转鼓及传动记数机构组成，如图2-20所示。转鼓是由圆筒及四个弯曲形状的叶片所构成，四个叶片构成四个体积相等的小室。鼓的下半部浸在水中。充水量由水位器指示。气体从背部中间的进气管9处依次进入一室，并相继由顶部排出时，迫使转鼓转动。由转动的次数，通过计数机构在表盘上计数器和指针显示体积。配合秒表记时。可直接测定气体流量。

如图2-20位置所示，工作时，气体由进气管进入，B室正在进气，C室开始进气，而D室排气将尽。湿式气体流量计可直接用于测量气体流量，也可用来作标准仪器以检定其他流量计。

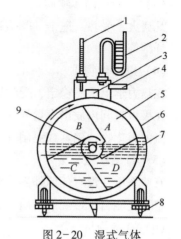

图2-20 湿式气体
流量计结构简图

1—温度计；2—压差计；3—水平仪；
4—排气管；5—转鼓；6—壳体；
7—水位器；8—可调支脚；9—进气管

第四节 实验室安全知识

实验室安全与环保实验室潜在着各种危害因素。这些潜在的危害因素可能引发出各种事故，造成环境污染和人体伤害，甚至可能危及到人的生命安全。实验室安全技术和环境保护对开展科学实验有着重要意义，我们不但要掌握这方面的有关知识，而且应该在实验中加以重视，防患于未然。本节主要根据化学工程与工艺专业实验中存在的不安全因素，对防火、防爆、防毒、防触电等安全操作知识及防止环境污染等内容作一些基本介绍。

一、实验室常用危险品及安全操作

1. 实验室常用危险品的分类

化学工程与工艺专业实验室常有易燃易爆物质及有毒物质，归纳起来主要有以下几类。

（1）可燃气体

凡是遇火、受热或与氧化剂相接触能引起燃烧或爆炸的气体称为可燃气体。如：氢气、甲烷、乙烯、煤气、液化石油气、一氧化碳等。

（2）可燃液体

容易燃烧而在常温下呈液态，具有挥发性，闪点低的物质称为可燃液体。如：乙醚、丙酮、汽油、苯、乙醇、环己烷、甲醇、甲醛等。

（3）可燃性固体物质

凡遇火、受热、撞击、摩擦或与氧化剂接触能着火的固体。如：木材、油漆、石蜡、合成纤维等。

（4）爆炸性物质

在热力学上很不稳定，受到轻微摩擦、撞击、高温等因素的激发而发生激烈的化学变化，在极短时间内放出大量气体和热量，同时伴有热和光等效应发生的物质。如：过氧化物、氮的卤化物、硝基或亚硝基化合物、乙炔类化合物等。

（5）自燃物质

有些物质在没有任何外界热源的作用下，由于自行发热和向外散热，当热量积蓄升温到一定程度能自行燃烧的物质。如：磁带、胶片、油布、油纸等。

（6）有毒物品

某些侵入人体后在一定条件下破坏人体正常生理机能的物质称有毒物质，分类如下：

①窒息性毒物：氮、氢、一氧化碳等；

②刺激性毒物：酸类蒸气、氯气等；

③麻醉性或神经毒物：芳香类化合物、醇类化合物、苯胺等；

④其他无机及有机毒物，指对人体作用不能归入上述三类的无机和有机毒物。

在使用这些气体之前，了解药品的性能，如毒性、易燃性和易爆性等。并搞清楚其使用方法和防护措施。在化工专业实验中，应尽量避免水银压差计，一旦有使用也要慎重操作，开关阀门要缓慢，防止冲走压差计中的水银。操作过程要小心，不要碰破压差计。一旦水银被冲洒出来，一定要认真地尽可能地将它收集起来。无法收集的细粒，要用硫磺粉和氯化铁溶液覆盖。化工实验中所用的气体种类较多，一类是具有刺激性的气体，如氨、二氧化硫等，这类气体的泄漏一般容易被发觉。另一类是无色无味，但有毒性或易燃易爆的气体，如一氧化碳、氢气等，一氧化碳不仅易中毒，而且在室温下空气中的爆炸范围为 $12\% \sim 74\%$，氢在室温下空气中的爆炸范围为 $4\% \sim 74\%$。当气体和空气的混合物在爆炸范围内，只要有火花等诱发因素，就会立即爆炸。因此，使用有毒或易燃易爆气体时，系统一定要严密不漏，尾气要导出室外，并注意室内通风。

2. 安全操作注意事项

①化工工艺专业实验接触部分易燃、易爆、易中毒的物质如氢气、半水煤气、丙酮、乙醇、苯等，故实验室内禁止使用明火，应保持室内通风良好。

②处理易燃液体，严禁用直接火加热（应用水浴、油浴、砂浴或封闭式电炉），蒸馏低沸点液体，受器应放在冰水浴中冷却，防止蒸汽逸出，引起火灾。用电炉加热时，电炉下必须用石棉板或砖垫好，以保护桌面。

③处理酸碱溶液和溴等物质时，应戴好胶皮手套、护目镜，防止烧伤皮肤或溅入眼中，不慎接触或溅入眼中时要用大量水冲洗后，再以中和剂中和，切勿揉擦。

④禁止用嘴吸移液管吸取各种化学试剂或溶液，应用吸耳球吸液。

⑤处理有毒或刺激性物质如溴等，应在通风柜中进行，要防止逸入室内。

⑥废品及药品一律倾入废液缸中，切勿倒入水槽，以防腐蚀下水管道。

⑦使用实验室中无标签或标注不清药品，应问明教师，征得同意方可动用。

二、防燃、防爆的措施

1. 有效控制易燃物及助燃物

部分可燃气体和蒸气的爆炸极限见表2-4。

表2-4 部分可燃物的爆炸极限

分子式	物质名称	在空气中的爆炸极限/%	
		下限	上限
CH_4	甲烷	5.3	15
C_2H_6	乙烷	3.0	16.0
C_3H_8	丙烷	2.1	9.5
C_4H_{10}	丁烷	1.5	8.5
C_5H_{12}	戊烷	1.7	9.8
C_6H_{14}	己烷	1.2	6.9
C_2H_4	乙烯	2.7	36.0
C_3H_6	丙烯	1.0	15.0
C_2H_2	乙炔	2.1	80.0
C_3H_4	丙炔（甲基乙炔）	1.7	无资料
C_4H_6	1，3-丁二烯（联乙烯）	1.4	16.3
CO	一氧化碳	12.5	74.2
C_2H_6O	甲醚；二甲醚	3.4	27.0
C_2H_6O	乙烯基甲基醚	2.6	39.0
C_2H_4O	环氧乙烷；氧化乙烯	3.0	100.0
CH_3Cl	甲基氯；氯甲烷	7.0	19.0
C_2H_5Cl	氯乙烷；乙基氯	3.6	14.8
H_2	氢	4.1	74
NH_3	氨；氨气	15.7	27.4
CS_2	二硫化碳	1.00	60.0
C_6H_6	苯	1.2	8.0
CH_3OH	甲醇	5.5	44.0
H_2S	硫化氢	4.0	46.0
C_2H_3Cl	氯乙烯	3.6	31.0
HCN	氰化氢	5.6	40.0
C_2H_7N	二甲胺（无水）	2.8	14.4
C_3H_9N	三甲胺（无水）	2.0	11.6

化工类实验室防燃防爆，最根本的是对易燃物和易爆物的用量和蒸气浓度要有效控制。

①控制易燃易爆物的用量。原则上是用多少领多少，不用的要存放在安全地方。

②加强室内的通风。主要是控制易燃易爆物质在空气中的浓度，一般要小于或等于爆炸下限的1/4。

③加强密闭。在使用和处理易燃易爆物质（气体、液体、粉尘）时，加强容器、设

备、管道的密闭性，防止泄漏。

④充惰性气体。在爆炸性混合物中充惰性气体，可缩小以至消除爆炸范围和制止火焰的蔓延。

2. 消除点燃源

①管理好明火及高温表面，在有易燃易爆物质的场所，严禁明火（如电热板、开式电炉、电烘箱、马弗炉、煤气灯等）及白炽灯照明。

②严禁在实验室内吸烟。

③避免摩擦和冲击，摩擦和冲击过程中产生过热甚至发生火花。

④严禁各类电气火花，包括高压电火花放电、弧光放电、电接点微弱火花等。

三、消防措施

专业实验室中发生火灾其原因大都由于明火、电火花、可燃物自燃、危险品相互作用及操作不慎或违反操作规程等而引起，故实验时要求思想集中，避免事故，万一发生事故，应镇静并及时扑救，防止事故的扩大。

1. 消防的基本方法

消防的基本方法有三种：

（1）隔离法。将火源处或周围的可燃物撤离或隔开，由于燃烧区缺少可燃物，燃烧停止。

（2）冷却法。降低燃烧物的燃点温度是灭火的主要手段，常用冷却剂是水和二氧化碳。

（3）窒息法。冲淡空气使燃烧物质得不到足够的氧而熄灭，如用黄砂、石棉毯、湿麻袋、二氧化碳、惰性气体等。但对爆炸性物质起火不能用覆盖法，若用了覆盖法会阻止气体的扩散而增加了爆炸的破坏力。

实验室常用灭火器材有水、CO_2、CCl_4、惰性气体、砂、土等。具体情况和灭火方法如表2-5所示。

表2-5　实验室灭火方法

燃烧物	灭火法	原理与说明
羊毛、纸张、纺织物、废物一类的普通易燃物	砂、水、碱酸灭火机	隔绝空气、降温
石油、油、苯、油漆、油脂一类	二氧化碳灭火机、石棉布或普通麻袋	适用于室内一切珍贵物件或仪器上灭火、隔绝空气
醇、醚之类	水	冲洗、降温、隔绝氧
在电表等仪器上或附近的燃烧	四氯化碳、溴代甲烷、二氧化碳灭火机	不导电、对人安全
电动机燃烧（仪器）	同上	使用砂、水及泡沫会损坏仪器

续表

燃烧物	灭火法	原理与说明
可燃性气体	任何液体或气体灭火剂	关闭气源，尽量不通空气，注意可能与空气混合后所引起的爆炸
钠、钾、碳化物、磷化物等与水起反应而形成的燃烧	干砂	使用水或泡沫反而会助长火灾，卤代烃与轻金属能起强烈反应

用水方便且经济，但对金属钠、钾、锌粉、无水 $AlCl_3$、生石灰等不能用水灭火，它们易与水发生反应，大量放热并放出自燃或助燃气体，应用化学灭火，或用砂子扑灭。易燃液体如汽油、苯、丙酮、酒精等比水轻，禁用水灭火，以防火势蔓延，应用泡沫灭火剂、CCl_4 灭火器灭火效果更好。易燃易爆的气体着火时应用干粉灭火剂或泡沫灭火剂扑灭。

电器设备或带电设备应绝缘操作，着火时应先切断电源，在带电现场用水灭火会造成触电或爆炸事故，此时应用 CCl_4 或惰性气体，CO_2 等扑救。失火时应特别镇静，及时扑救，并移走易燃物质；火势太大时应报告消防队，绝不应私离现场使火势扩大，造成国家财产损失。

2. 灭火器材的使用方法

①拿起软管，把喷嘴对着着火点，拔出保险销，用力压下并抓住杠杆压把，灭火剂即喷出。

②用完后要排除剩余压力，有待重新装入灭火剂后备用。

四、有毒物质的基本预防措施

1. 使用有毒物质时应采取的基本预防措施

①实验室中有毒物侵入人体有三个途径：皮肤、消化道、呼吸道。使用有毒物时要准备好或戴上防毒面具、橡皮手套、有时要穿防毒衣装。

②实验室内严禁吃东西，离开实验室应洗手，如面部或身体被污染必须进行清洗。

③实验装置尽可能密闭，防止冲、溢、跑、冒事故发生。

④采用通风、排毒、隔离等安全防范措施。

⑤尽可能用无毒或低毒物质替代高毒物质。

2. 汞的安全使用

汞是实验室常用的液体金属，应熟悉它的性质，正确使用。

汞在常温可生成蒸气，相对密度13.6，冰点 -40℃，沸点357.2℃，汞蒸汽比空气重一倍，可通过呼吸道吸入人体而中毒，也可经消化道随饮食而误食，汞还可被皮肤直接吸收而中毒，为此使用汞应注意：

①不使汞直接暴露于空气中，汞容器中如 U 形压力计，应在汞的上面加水，以防蒸汽挥发。

②倒汞时应垫上瓷盘（盘中盛水），在倒汞上水封时，应先在瓷盘上把水倒入瓷盘中，再把水倒入槽中。

③盛汞仪器下面一律用砂浴托住，以防因破裂或不慎使汞撒落桌面、地面上。

④流撒的汞要尽可能收集，微小粒子用汞齐金属（Cu 片、Zn 片）扫取，最后用硫磺粉覆盖以摩擦之，使之成为 HgS，也可用 $KMnO_4$ 溶液使汞氧化。

⑤盛汞容器避免受热，严禁盛汞容器放入烘箱。

⑥皮肤破损切勿接触汞，有汞的室内应注意通风（汞最大安全浓度为 $0.1mg/m^3$；20℃时汞饱和蒸汽压为 0.0013，每立方米含量比安全浓度大 100 倍）。

五、安全用电常识

电是实验室必不可少的能源之一，无论是加热还是各种仪器设备的运转都要用电。电气对人体的危害及防护电气事故与一般事故的差异在于往往没有某种预兆下瞬间就发生，而造成的伤害较大甚至危及生命。电对人的伤害可分为内伤与外伤两种，可单独发生，也可同时发生。因此，掌握一定的电气安全知识是十分必要的。

1. 电伤危险因素

电流通过人体某一部分即为触电。触电是最直接的电气事故，常常是致命的。其伤害的大小与电流强度的大小、触电作用时间及人体的电阻等因素有关。实验室常用的电气是 220～380V，频率为 50Hz 的交流电，人体的心脏每跳动一次约有 0.1～0.2s 的间歇时间，此时对电流最为敏感，因此当电流经人体脊柱和心脏时其危害极大。

2. 防止触电注意事项

①电气设备要有可靠接地线，一般要用三眼插座。所用仪器的导线要经常检查，发现有裸露金属导线要及时包好再用，以防触电或短路。仪器运转过程中发现异常要立即断电，检查处理。

②加热设备如电炉等，靠近木器部分要用石棉布、石棉板或砖隔开，以防烧坏家具，甚至发生火灾。

③安装漏电保护装置。一般规定其动作电流不超过 30mA，切断电源时间应低于 0.1s。

④实验室内严禁随意拖拉电线。配电盘上，不可接入超负荷的电器设备，以防配电盘超载烧毁或过热起火。更换保险丝时，应按原负荷选用合适的保险丝，不得加大或用其他金属丝代替。检查仪器线路是否漏电，应使用试电笔，开关电闸时不要面对闸刀，以免电火花烧伤眼睛。检查电器设备或电机是否发热时，要用手背触试外壳，不可用手掌触试，以免因设备漏电，使手发生痉挛而握紧设备，发生人身事故。

⑤对使用高电压、大电流的实验，至少要由 2～3 人以上进行操作。

⑥在接通电源之前，必须认真检查电器设备和电路是否符合规定要求，对于直流电设备应检查正负极是否接对。必须搞清楚整套实验装置的启动和停车操作顺序，以及紧急停车的方法。

⑦一般不带电操作。除非在特殊情况下需带电操作，必须穿上绝缘胶鞋及戴橡皮手套

等防护用具。严禁用湿手去接触电闸、开关和任何电器。电器设备要保持干燥清洁。打扫卫生时切不可将水溅到电源插座或仪器上，也不要用湿布擦拭，以免触电或烧坏仪器。

⑧合闸动作要快，要合得牢。合闸后若发现异常声音或气味，应立即拉闸，进行检查。

⑨必须按照规定的电流限额用电。严禁私自加粗保险丝或用其他金属丝代替保险丝。当保险丝熔断后，一定要查找原因，消除隐患，而后再换上新的保险丝。

⑩离开实验室前，必须把分管本实验室的总电闸拉下。

六、高压容器安全技术

1. 高压钢瓶

高压钢瓶是一种储存各种压缩气体或液化气的高压容器。高压容器一般可分成两大类：固定式及移动式。钢瓶一般容积为 40~60L，最高工作压力为 15MPa，最低的也在 0.6MPa 以上。瓶内压力很高，并且储存的气体本身某些是有毒或易燃易爆气体，故使用钢瓶一定要掌握其构造特点和安全知识，以确保安全。钢瓶主要由筒体和瓶阀构成，其他附件还有保护瓶阀的安全帽、开启瓶阀的手轮、使运输过程中不受震动的橡胶圈。另外，在使用时瓶阀出口还要连接减压阀和压力表（俗称气表）。标准高压钢瓶按国家标准制造，经有关部门严格检验方可使用。各种钢瓶使用过程中，还必须定期送有关部门进行水压试验。经过检验合格的钢瓶，在瓶肩上用钢印打上下列信息：①制造厂家；②制造日期；③钢瓶型号和编号；④钢瓶质量；⑤钢瓶容积；⑥工作压力；⑦水压试验压力、水压试验日期和下次送检日期。各类钢瓶的表面都应涂上一定颜色的油漆，其目的不仅是为了防锈，主要是能从颜色上迅速辨别钢瓶中所储气体的种类，以免混淆。根据 GB 7144—1999，有关特征见表 2-6。

表 2-6 气瓶标记

充装气体名称	气瓶颜色	字样	字样颜色	色环	阀门出口螺纹
氧气	淡蓝	氧	黑	白	正扣
氢气	淡绿	氢	大红	淡黄	反扣
氮气	黑	氮	淡黄	白	正扣
氩气	银灰	氩	深绿	白	正扣
空气	黑	空气	白	白	正扣
石油气体	灰	石油气体	红		反扣
氯气	深绿	液氯	白	白	正扣
氨气	黄	液氨	黑		正扣
丁烯	棕	丁烯	白		反扣
一氧化碳	银灰		大红		反扣
二氧化碳气	铝白	液化二氧化碳	黑	黑	正扣
乙烯	棕	乙烯	淡黄	白	反扣
其他可燃性气体	红	气体名称	白		反扣
其他非可燃性气体	黑	气体名称	黄		正扣

为了确保安全，在使用钢瓶时，一定要注意以下几点。

①当钢瓶受到明火或阳光等热辐射的作用时，气体因受热而膨胀，使瓶内压力增大。当压力超过工作压力时，就有可能发生爆炸。因此，钢瓶离配电源至少5m，室内严禁明火。钢瓶直立放置并加固，因此，在钢瓶运输、保存和使用时，应远离热源（明火、暖气、炉子等），并避免长期在日光下暴晒，尤其在夏天更应注意。

②钢瓶即使在温度不高的情况下受到猛烈撞击，或不小心将其碰倒跌落，都有可能引起爆炸。因此，钢瓶在运输过程中，要轻搬轻放，避免跌落撞击，使用时要固定牢靠，防止碰倒。更不允许用锤子、扳手等金属器具敲打钢瓶。

③瓶阀是钢瓶中关键部件，必须保护好，否则将会发生事故。

若瓶内存放的是氧、氢、二氧化碳和二氧化硫等，瓶阀应用铜和钢制成。若瓶内存放的是氨，则瓶阀必须用钢制成，以防腐蚀。

使用钢瓶时，必须用专用的减压阀和压力表。尤其是氢气和氧气不能互换，为了防止氢和氧两类气体的减压阀混用造成事故，氢气表或氧气表的表盘上都注明有氢气表或氧气表的字样。氢气及其他可燃气体瓶阀，连接减压阀的连接管为左旋螺纹；而氧气等不可燃气体瓶阀，连接管为右旋螺纹。

氧气瓶阀严禁接触油脂。因为高压氧气与油脂相遇，会引起燃烧，以至爆炸。开关氧气瓶时，切莫用带油污的手和扳手。

要注意保护瓶阀。开关瓶阀时一定要搞清楚方向后缓慢转动，旋转方向错误或用力过猛会使螺纹受损，可能冲脱而出，造成重大事故。关闭瓶阀时，不漏气即可，不要关得过紧。用完或搬运时，一定要安上保护瓶阀的安全帽。

瓶阀发生故障时，应立即报告指导教师。严禁擅自拆卸瓶阀上任何零件。

④当钢瓶安装好减压阀和连接管线后，每次使用前都要在瓶阀附近用肥皂水检查，确认不漏气才能使用。对于有毒或易燃易爆气体的钢瓶，除了保证严密不漏外，最好单独放置在远离实验室的小屋里。

⑤开启钢瓶时，操作者应侧对气体出口处，在减压阀与钢瓶接口处无漏情况下，应首先打开钢瓶阀，然后调节减压阀。关气应先关闭钢瓶阀，放尽减压阀中余气，再松开减压阀螺杆。

⑥钢瓶内气体（液体）不得用尽；低压液化气瓶余压在 0.3～0.5MPa 内，高压气瓶余压在 0.5MPa 左右，防止其他气体倒灌

⑦钢瓶必须严格按期检验。

2. 高压釜使用注意事项

①高压釜应放置在符合防爆要求的高压操作室内，室内应通风良好。

②釜盖与釜体的密封面要保持清洁，密封面必须用软布擦拭干净。

③装卸釜盖时，一定要轻拿轻放，绝对不可碰撞密封面。

④拧紧螺母时，必须按对角多次逐步拧紧，不允许釜盖向一边倾斜。

⑤升温速度不得大于100℃/h，加压亦应缓慢进行。

⑥降温时，要自然降温，不可速降，以防因过大的温差应力使釜体激裂。

⑦关闭针形阀时不可用力过猛，也不可拧得太紧，以防磨损密封面。

⑧开启时，要等温度降低后再放出高压气体，压力降至常压后再对称均匀拧松螺母。

⑨高压釜使用完毕，要清洗干净。高压釜所有密封面要仔细清洗，不准用硬物或表面粗糙之物摩擦，以免磨损密封面。

第三章　化工原理实验

实验一　雷诺实验

【实验目的】

1. 观察流体在管内流动的两种不同流型；
2. 测定临界雷诺数 Re_c。

【实验原理】

流体流动有两种不同型态，即层流（或称滞流，Laminar flow）和湍流（或称紊流，Turbulent flow），这一现象最早是由雷诺（Reynolds）于 1883 年首先发现的。流体作层流流动时，其流体质点作平行于管轴的直线运动，且在径向无脉动；流体作湍流流动时，其流体质点除沿管轴方向作向前运动外，还在径向作脉动，从而在宏观上显示出紊乱地向各个方向作不规则的运动。

流体流动型态可用雷诺数（Re）来判断，这是一个由各影响变量组合而成的无因次数群，故其值不会因采用不同的单位制而不同。但应当注意，数群中各物理量必须采用同一单位制。若流体在圆管内流动，则雷诺数可用下式表示：

$$Re = \frac{du\rho}{\mu} \tag{1}$$

式中　Re——雷诺数，无因次；

　　　　d——管子内径，m；

　　　　u——流体在管内的平均流速，m/s；

　　　　ρ——流体密度，kg/m³；

　　　　μ——流体黏度；Pa·s。

层流转变为湍流时的雷诺数称为临界雷诺数，用 Re_c 表示。工程上一般认为，流体在直圆管内流动时，当 $Re \leqslant 2000$ 时为层流；当 $Re > 4000$ 时，圆管内已形成湍流；当 Re 在 2000~4000 范围内，流动处于一种过渡状态，可能是层流，也可能是湍流，或者是二者交替出现，这要视外界干扰而定，一般称这一雷诺数范围为过渡区。

式（1）表明，对于一定温度的流体，在特定的圆管内流动，雷诺数仅与流体流速有关。本实验即是通过改变流体在管内的速度，观察在不同雷诺数下流体的流动形态。

【实验装置及流程】

实验装置如图 1 所示。主要由玻璃试验导管、流量计、流量调节阀、低位储水槽、循环水泵、稳压溢流水槽等部分组成，演示主管路为 $\phi20 \times 2$ mm 硬质玻璃。

实验前，先将水充满低位储水槽，关闭流量计后的调节阀，然后启动循环水泵。待水充满稳压溢流水槽后，开启流量计后的调节阀。水由稳压溢流水槽流经缓冲槽、玻璃试验导管和流量计，最后流回低位储水槽。水流量的大小，可由流量计和调节阀调节。

示踪剂采用红色墨水。它由红墨水储槽经连接软管和细孔玻璃注射管喷嘴，注入试验导管。细孔玻璃注射管（或注射针头）位于试验导管入口的轴线部位。

注意：实验用的水应清洁，红墨水的密度应与水相当，装置要放置平稳，避免震动。

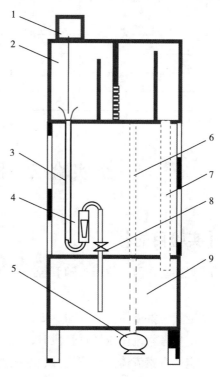

图 1　流体流型演示实验

1—红墨水储槽；2—稳压溢流水槽；3—玻璃试验导管；4—转子流量计；5—循环水泵；6—上水管；7—溢流回水管；8—调节阀；9—低位储水槽

【实验操作】

（1）层流流动型态

试验时，先少许开启调节阀，将流速调至所需要的值。再调节红墨水储瓶的下口旋塞，并作精细调节，使红墨水的注入流速与试验导管中主体流体的流速相适应，一般略低于主体流体的流速为宜。待流动稳定后，记录主体流体的流量。此时，在试验导管的轴线上，就可观察到一条平直的红色细流，好像一根拉直的红线一样。

（2）湍流流动型态

缓慢地加大调节阀的开度，使水流量平稳地增大，玻璃导管内的流速也随之平稳地增大。此时可观察到，玻璃导管轴线上呈直线流动的红色细流，开始发生波动。随着流速的增大，红色细流的波动程度也随之增大，最后断裂成一段段的红色细流。当流速继续增大时，红墨水进入试验导管后立即呈烟雾状分散在整个导管内，进而迅速与主体水流混为一体，使整个管内流体染为红色，以致无法辨别红墨水的流线。

【实验数据处理】

1. 实验基本参数

（1）试验导管内径 $d =$ _____ mm。

（2）温度 $T/℃$ _____；黏度 $\mu/Pa \cdot s$ _____；密度 $\rho/kg \cdot m^{-3}$ _____。

2. 实验数据记录及整理（表1）

表1　实验数据记录表

实验序号	流量 $V/L \cdot min^{-1}$	流量 $V/m^3 \cdot s^{-1}$	流速 $u/m \cdot s^{-1}$	临界雷诺数 Re	实验现象及流型
1					
2					
3					
4					
5					
6					

实验二　机械能转化实验

【实验目的】

1. 观测动、静、位压头随管径、位置、流量的变化情况，验证连续性方程和柏努利方程；

2. 定量考察流体流经收缩、扩大管段时，流体流速与管径关系；

3. 定量考察流体流经直管段时，流体阻力与流量关系；

4. 定性观察流体流经节流件、弯头的压损情况。

【实验原理】

化工生产中，流体的输送多在密闭的管道中进行，因此研究流体在管内的流动是化学工程中一个重要课题。任何运动的流体，仍然遵守质量守恒定律和能量守恒定律，这是研究流体力学性质的基本出发点。

1. 连续性方程

对于流体在管内稳定流动时的质量守恒形式表现为如下的连续性方程：

$$\rho_1 \iint_1 v dA = \rho_2 \iint_2 v dA \tag{1}$$

根据平均流速的定义，有 $\qquad \rho_1 u_1 A_1 = \rho_2 u_2 A_2 \tag{2}$

即 $\qquad\qquad\qquad\qquad m_1 = m_2 \tag{3}$

而对均质、不可压缩流体，$\rho_1 = \rho_2 = $ 常数，则式（2）变为

$$u_1 A_1 = u_2 A_2 \tag{4}$$

可见，对均质、不可压缩流体，平均流速与流通截面成反比，即面积越大，流速越小；反之，面积越小，流速越大。

对圆管，$A = \pi d^2/4$，d 为直径，于是式（4）可转化为

$$u_1 d_1^2 = u_2 d_2^2 \tag{5}$$

2. 机械能衡算方程

运动的流体除了遵循质量守恒定律以外，还应满足能量守恒定律，依此，在工程上可进一步得到十分重要的机械能衡算方程。

对于均质、不可压缩流体，在管路内稳定流动时，其机械能衡算方程（以单位质量流体为基准）为：

$$z_1 + \frac{u_1^2}{2g} + \frac{p_1}{\rho g} + h_e = z_2 + \frac{u_2^2}{2g} + \frac{p_2}{\rho g} + h_f \tag{6}$$

式中　z——流体的位压头；

　$u^2/2g$——动压头（速度头）；

　$p/\rho g$——静压头（压力头）；

　h_e——外加压头；

　h_f——压头损失；

关于上述机械能衡算方程的讨论：

（1）理想流体的柏努利方程

无黏性的即没有黏性摩擦损失的流体称为理想流体，就是说，理想流体的 $h_f = 0$，若此时又无外加功加入，则机械能衡算方程变为

$$z_1 + \frac{u_1^2}{2g} + \frac{p_1}{\rho g} = z_2 + \frac{u_2^2}{2g} + \frac{p_2}{\rho g} \tag{7}$$

式（7）为理想流体的柏努利方程。该式表明，理想流体在流动过程中，总机械能保持不变。

（2）若流体静止，则 $u = 0$，$h_e = 0$，$h_f = 0$，于是机械能衡算方程变为

$$z_1 + \frac{p_1}{\rho g} = z_2 + \frac{p_2}{\rho g} \tag{8}$$

式（8）即为流体静力学方程，可见流体静止状态是流体流动的一种特殊形式。

3. 管内流动分析

按照流体流动时的流速以及其他与流动有关的物理量（例如压力、密度）是否随时间而变化，可将流体的流动分成两类：稳定流动和不稳定流动。连续生产过程中的流体流动，多可视为稳定流动，在开工或停工阶段，则属于不稳定流动。

流体流动有两种不同型态，即层流和湍流，这一现象最早是由雷诺（Reynolds）于1883 年首先发现的。流体作层流流动时，其流体质点作平行于管轴的直线运动，且在径向无脉动；流体作湍流流动时，其流体质点除沿管轴方向作向前运动外，还在径向作脉动，从而在宏观上显示出紊乱地向各个方向作不规则的运动。

流体流动型态可用雷诺数（Re）来判断，这是一个无因次数群，故其值不会因采用不同的单位制而不同。但应当注意，数群中各物理量必须采用同一单位制。若流体在圆管内

流动，则雷诺数可用下式表示：

$$Re = \frac{du\rho}{\mu} \qquad (9)$$

式中　Re——雷诺数，无因次；

　　　d——管子内径，m；

　　　u——流体在管内的平均流速，m/s；

　　　ρ——流体密度，kg/m^3；

　　　μ——流体黏度；Pa·s。

　　式（9）表明，对于一定温度的流体，在特定的圆管内流动，雷诺数仅与流体流速有关。层流转变为湍流时的雷诺数称为临界雷诺数，用 Re_c 表示。工程上一般认为，流体在直圆管内流动时，当 $Re \leq 2000$ 时为层流；当 $Re > 4000$ 时，圆管内已形成湍流；当 Re 在 2000～4000 范围内，流动处于一种过渡状态，可能是层流，也可能是湍流，或者是二者交替出现，这要视外界干扰而定，一般称这一 Re 数范围为过渡区。

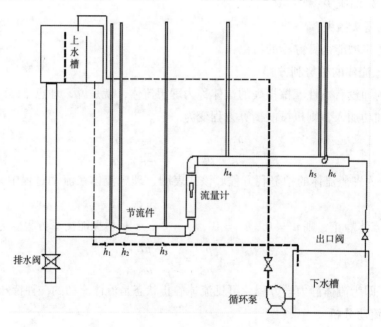

图1　机械转化实验装置

【实验装置】

　　实验装置如图1所示，为有机玻璃材料制作的管路系统，通过泵使流体循环流动。管路内径为30mm，节流件变截面处管内径为15mm。单管压力计1和2可用于验证变截面连续性方程，单管压力计1和3可用于比较流体经节流件后的能头损失，单管压力计3和4可用于比较流体经弯头和流量计后的能头损失及位能变化情况，单管压力计4和5可用于验证直管段雷诺数与流体阻力系数关系，单管压力计6与5配合使用，用于测定单管压力计5处的中心点速度。

在本实验装置中设置了两种进料方式，一是高位槽进料；二是直接泵输送进料。设置这两种方式是为了有对比，当然直接泵进料液体是不稳定的，会产生很多空气，这样实验数据会有波动，所以一般在采集数据的时候建议采用高位槽进料。

【实验操作】

（1）先在下水槽中加满清水，保持管路排水阀、出口阀关闭状态，通过循环泵将水打入上水槽中，使整个管路中充满流体，并保持上水槽液位一定高度，可观察流体静止状态时各管段高度。

（2）通过出口阀调节管内流量，注意保持上水槽液位高度稳定（即保证整个系统处于稳定流动状态），并尽可能使转子流量计读数在刻度线上。观察记录各单管压力计读数和流量值。

（3）改变流量，观察各单管压力计读数随流量的变化情况。注意每改变一个流量，需给予系统一定的稳流时间，方可读取数据。

（4）结束实验，关闭循环泵，全开出口阀排尽系统内流体，之后打开排水阀排空管内沉积段流体。

注意：（1）若不是长期使用该装置，对下水槽内液体也应作排空处理，防止沉积尘土，否则可能堵塞测速管。

（2）每次实验开始前，也需先清洗整个管路系统，即先使管内流体流动数分钟，检查阀门、管段有无堵塞或漏水情况。

【实验数据处理】

1. h_1 和 h_2 的分析

由转子流量计流量读数及管截面积，可求得流体在 1 处的平均流速 u_1（该平均流速适用于系统内其他等管径处）。若忽略 h_1 和 h_2 间的沿程阻力，适用柏努利方程即式（7），且由于 1、2 处等高，则有：

$$\frac{p_1}{\rho g} + \frac{u_1^2}{2g} = \frac{p_2}{\rho g} + \frac{u_2^2}{2g} \tag{10}$$

其中，两者静压头差即为单管压力计 1 和 2 读数差（mH_2O），由此可求得流体在 2 处的平均流速 u_2。令 u_2 代入式（5），验证连续性方程。

2. h_1 和 h_3 的分析

流体在 1 和 3 处，经节流件后，虽然恢复到了等管径，但是单管压力计 1 和 3 的读数差说明了能头的损失（即经过节流件的阻力损失）。且流量越大，读数差越明显。

3. h_3 和 h_4 的分析

流体经 3 到 4 处，受弯头和转子流量计及位能的影响，单管压力计 3 和 4 的读数差明显，且随流量的增大，读数差也变大，可定性观察流体局部阻力导致的能头损失。

4. h_4 和 h_5 的分析

直管段 4 和 5 之间，单管压力计 4 和 5 的读数差说明了直管阻力的存在（小流量时，该读数差不明显，具体考察直管阻力系数的测定可使用流体阻力装置），根据

$$h_f = \lambda \frac{L}{d} \frac{u^2}{2g} \tag{11}$$

可推算得阻力系数，然后根据雷诺数，作出两者关系曲线。

5. h_5 和 h_6 的分析

单管压力计 5 和 6 之差指示的是 5 处管路的中心点速度，即最大速度 u_c，有

$$\Delta h = \frac{u_c^2}{2g} \tag{12}$$

考察在不同雷诺数下，与管路平均速度 u 的关系。

实验三　流体流动阻力测定实验

【实验目的】

1. 掌握测定流体流经直管、管件和阀门时阻力损失的一般实验方法。
2. 测定直管摩擦系数 λ 与雷诺准数 Re 的关系，验证在一般湍流区内 λ 与 Re 的关系曲线。
3. 测定流体流经管件、阀门时的局部阻力系数 ξ。
4. 学会倒 U 形压差计和涡轮流量计的使用方法。
5. 辨识组成管路的各种管件、阀门，并了解其作用。

【实验原理】

流体通过由直管、管件（如三通和弯头等）和阀门等组成的管路系统时，由于黏性剪应力和涡流应力的存在，要损失一定的机械能。流体流经直管时所造成的机械能损失称为直管阻力损失。流体通过管件、阀门时因流体运动方向和速度大小改变所引起的机械能损失称为局部阻力损失。

1. 直管阻力摩擦系数 λ 的测定

流体在水平等径直管中稳定流动时，阻力损失表现为压力降低。为

$$h_f = \frac{\Delta p_f}{\rho} = \frac{p_1 - p_2}{\rho} = \lambda \frac{l}{d} \frac{u^2}{2} \tag{1}$$

即

$$\lambda = \frac{2d\Delta p_f}{\rho l u^2} \tag{2}$$

式中　λ——直管阻力摩擦系数，无因次；

d——直管内径，m；

Δp_f——流体流经直管的压降，Pa；

h_f——单位质量流体流经直管的阻力损失，J/kg；

ρ——流体密度，kg/m^3；

l——直管长度，m；

u——流体在管内流动的平均流速，m/s。

滞流（层流）时，

$$\lambda = \frac{64}{Re} \tag{3}$$

$$Re = \frac{du\rho}{\mu} \tag{4}$$

式中 Re——雷诺数，无因次；

μ——流体黏度，$kg/(m \cdot s)$。

湍流时 λ 是雷诺数 Re 和相对粗糙度（ε/d）的函数，须由实验确定。

由式（2）可知，欲测定 λ，需确定 l、d，测定 Δp_f、u、ρ、μ 等参数。l、d 为装置参数（装置参数表格中给出）；ρ、μ 通过测定流体温度，再查有关手册而得；u 通过测定流体流量，再由管径计算得到。

例如本装置采用涡轮流量计测流量 V，m^3/h。

$$u = \frac{V}{900\pi d^2} \tag{5}$$

Δp_f 可用 U 型管、倒置 U 型管、测压直管等液柱压差计测定，或采用差压变送器和二次仪表显示。

（1）当采用倒置 U 型管液柱压差计时

$$\Delta p_f = \rho g R \tag{6}$$

式中 R——水柱高度，m。

（2）当采用 U 型管液柱压差计时

$$\Delta p_f = (\rho_0 - \rho)gR \tag{7}$$

式中 R——液柱高度，m；

ρ_0——指示液密度，kg/m^3。

根据实验装置结构参数 l、d，指示液密度 ρ_0，流体温度 t_0（查流体物性 ρ、μ），及实验时测定的流量 V、液柱压差计的读数 R，通过式（5）、式（6）或式（7）、式（4）和式（2）求取 Re 和 λ，再将 Re 和 λ 标绘在双对数坐标图上。

2. 局部阻力系数 ξ 的测定

局部阻力损失通常有两种表示方法，即当量长度法和阻力系数法。

1）当量长度法

流体流过某管件或阀门时造成的机械能损失看作与某一长度为 l_e 的同直径的管道所产

生的机械能损失相当，此折合的管道长度称为当量长度，用符号 l_e 表示。这样，就可以用直管阻力的公式来计算局部阻力损失，而且在管路计算时可将管路中的直管长度与管件、阀门的当量长度合并在一起计算，则流体在管路中流动时的总机械能损失 $\sum h_f$ 为

$$\sum h_f = \lambda \frac{l + \sum l_e}{d} \frac{u^2}{2} \tag{8}$$

2）阻力系数法

流体通过某一管件或阀门时的局部阻力损失表示为流体在小管径内流动时平均动能的某一倍数，局部阻力的这种计算方法，称为阻力系数法。即

$$h'_f = \frac{\Delta p'_f}{\rho g} = \xi \frac{u^2}{2} \tag{9}$$

故

$$\xi = \frac{2\Delta p'_f}{\rho g u^2} \tag{10}$$

式中　ξ——局部阻力系数，无因次；

$\Delta p'_f$——局部阻力压强降，Pa（本装置中，所测得的压降应扣除两测压口间直管段的压降，直管段的压降由直管阻力实验结果求取）；

ρ——流体密度，kg/m^3；

g——重力加速度，$9.81m/s^2$；

u——流体在小截面管中的平均流速，m/s。

待测的管件和阀门由现场指定。本实验采用阻力系数法表示管件或阀门的局部阻力损失。

根据连接管件或阀门两端管径中小管的直径 d，指示液密度 ρ_0，流体温度 t_0（查流体物性 ρ、μ），及实验时测定的流量 V、液柱压差计的读数 R，通过式（5）、式（6）或式（7）、式（10）求取管件或阀门的局部阻力系数 ξ。

【实验装置与流程】

1. 实验装置

实验装置如图 1 所示。

2. 实验流程

实验对象部分是由储水箱，离心泵，不同管径、材质的水管，各种阀门、管件，涡轮流量计和倒 U 型压差计等所组成的。管路部分有三段并联的长直管，分别用于测定局部阻力系数、光滑管直管阻力系数和粗糙管直管阻力系数。测定局部阻力部分使用不锈钢管，其上装有待测管件（闸阀）；光滑管直管阻力的测定同样使用内壁光滑的不锈钢管，而粗糙管直管阻力的测定对象为管道内壁较粗糙的镀锌管。

水的流量使用涡轮流量计测量，管路和管件的阻力采用差压变送器将差压信号传递给无纸记录仪。

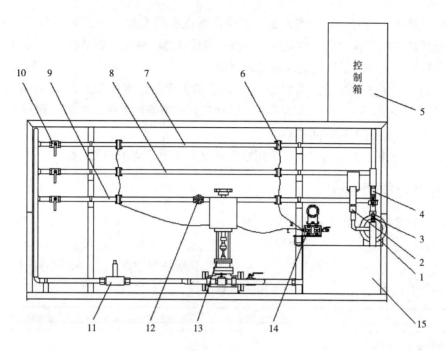

图 1 实验装置流程示意图

1—离心泵；2—进口压力变送器；3—铂热电阻（测量水温）；4—出口压力变送器；5—电气仪表控制箱；

6—均压环；7—粗糙管；8—光滑管（离心泵实验中充当离心泵管路）；9—局部阻力管；10—管路选择球阀；

11—涡轮流量计；12—局部阻力管上的闸阀；13—电动调节阀；14—差压变送器；15—水箱

3. 装置参数

装置参数如表 1 所示。由于管子的材质存在批次的差异，所以可能会产生管径的不同，所以表 1 中的管内径只能作为参考。

表 1 装置参数

名称	材质	管路号	管内径/mm	测量段长度/cm
局部阻力管	闸阀	1A	20.0	95
光滑管	不锈钢管	1B	20.0	100
粗糙管	镀锌铁管	1C	21.0	100

【实验操作】

（1）泵启动：首先对水箱进行灌水，然后关闭出口阀，打开总电源和仪表开关，启动水泵，待电机转动平稳后，把出口阀缓缓开到最大。

（2）实验管路选择：选择实验管路，把对应的进口阀打开，并在出口阀最大开度下，保持全流量流动 5~10min。

（3）流量调节：手控状态，电动调节阀的开度选择 100，然后开启管路出口阀，调节流量，让流量从 1 到 $4m^3/h$ 范围内变化，建议每次实验变化 $0.5m^3/h$ 左右。每次改变流量，待流动达到稳定后，记下对应的压差值；自控状态，流量控制界面设定流量值或设定电动调节阀开度，待流量稳定记录相关数据即可。

（4）计算：装置确定时，根据 Δp 和 u 的实验测定值，可计算 λ 和 ξ，在等温条件下，雷诺数 $Re = du\rho/\mu = Au$，其中 A 为常数，因此只要调节管路流量，即可得到一系列 $\lambda \sim Re$ 的实验点，从而绘出 $\lambda \sim Re$ 曲线。

（5）实验结束：关闭出口阀，关闭水泵和仪表电源，清理装置。

【实验数据处理】

根据上述实验测得的数据填写到下表：

实验日期：_____ 实验人员：_____ 学号：_____

温度：_____ 装置号：_____ 直管基本参数：光　滑管管内径_____

粗糙管管内径_____ 局部阻力管管内径_____

序号	流量/（m³/h）	光滑管压差/kPa	粗糙管压差/kPa	局部阻力压差/kPa

【实验报告】

1. 根据粗糙管实验结果，在双对数坐标纸上标绘出 $\lambda \sim Re$ 曲线，对照化工原理教材上有关曲线图，即可估算出该管的相对粗糙度和绝对粗糙度。

2. 根据光滑管实验结果，对照柏拉修斯方程，计算其误差。

3. 根据局部阻力实验结果，求出闸阀全开时的平均 ξ 值。

4. 对实验结果进行分析讨论。

【思考题】

1. 在对装置做排气工作时，是否一定要关闭流程尾部的出口阀？为什么？

2. 如何检测管路中的空气已经被排除干净？

3. 以水做介质所测得的 $\lambda \sim Re$ 关系能否适用于其他流体？如何应用？

4. 在不同设备上（包括不同管径），不同水温下测定的 $\lambda \sim Re$ 数据能否关联在同一条曲线上？

实验四 离心泵特性测定实验

【实验目的】

1. 了解离心泵结构与特性，学会离心泵的操作；
2. 掌握离心泵特性曲线测定方法。

【实验原理】

离心泵的特性曲线是选择和使用离心泵的重要依据之一，是在恒定转速下泵的扬程 H、轴功率 N 及效率 η 与泵的流量 V 之间的关系曲线，是流体在泵内流动规律的外部表现形式。由于泵内部流动情况复杂，不能用理论方法推导出泵的特性关系曲线，只能依靠实验测定。

1. 扬程 H 的测定与计算

取离心泵进口真空表和出口压力表处为 1、2 两截面，列机械能衡算方程：

$$z_1 + \frac{p_1}{\rho g} + \frac{u_1^2}{2g} + H = z_2 + \frac{p_2}{\rho g} + \frac{u_2^2}{2g} + \sum h_f \tag{1}$$

由于两截面间的管长较短，通常可忽略阻力项 Σh_f，速度平方差也很小故可忽略，则有

$$H = (z_2 - z_1) + \frac{p_2 - p_1}{\rho g} = H_0 + H_1(表值) + H_2 \tag{2}$$

式中 $H_0 = z_2 - z_1$，表示泵出口和进口间的位差，m；

  ρ——流体密度，kg/m^3；

  g——重力加速度 m/s^2；

  p_1，p_2——泵进、出口的真空度和表压，Pa；

  H_1，H_2——泵进、出口的真空度和表压对应的压头，m；

  u_1，u_2——泵进、出口的流速，m/s；

  z_1，z_2——真空表、压力表的安装高度，m。

由上式可知：只要直接读出真空表和压力表上的数值，以及两表的安装高度差，就可计算出泵的扬程。

2. 轴功率 N 的测量与计算

$$N = N_电 \times k \tag{3}$$

式中 $N_电$——电功率表显示值，W；

  k——电机传动效率，可取 $k = 0.95$。

3. 效率 η 的计算

泵的效率 η 是泵的有效功率 N_e 与轴功率 N 的比值。有效功率 N_e 是单位时间内流体经过泵时所获得的实际功率，轴功率 N 是单位时间内泵轴从电机得到的功，两者的差异反映了水力损失、容积损失和机械损失的大小。

泵的有效功率 N_e 可用下式计算

$$N_e = HV\rho g \tag{4}$$

故泵效率为

$$\eta = \frac{HV\rho g}{N} \times 100\% \tag{5}$$

4. 转速改变时的换算

泵的特性曲线是在一定转速下的实验测定所得，就是说在某一特性曲线上的一切实验点，其转速是相同的。但是，实际上感应电动机在转矩改变时，其转速会有变化，这样随着流量 V 的变化，多个实验点的转速 n 将有所差异，因此在绘制特性曲线之前，须将实测数据换算为平均转速 n' 下（可取离心泵的额定转速 2900r/min）的数据。换算关系如下

流量
$$V' = V\frac{n'}{n} \tag{6}$$

扬程
$$H' = H(\frac{n'}{n})^2 \tag{7}$$

轴功率
$$N' = N(\frac{n'}{n})^3 \tag{8}$$

效率
$$\eta' = \frac{V'H'\rho g}{N'} = \frac{VH\rho g}{N} = \eta \tag{9}$$

【实验装置】

离心泵特性曲线测定装置如图 1 所示。

【实验步骤及注意事项】

1. 实验步骤

（1）清理水箱中的杂质，然后加装实验用水。给离心泵灌水，直到排出泵内气体。

（2）检查各阀门开度和仪表自检情况，试开状态下检查电机和离心泵是否正常运转。开启离心泵之前先将出口阀关闭，当泵达到额定转速后方可逐步打开出口阀。

（3）实验时，通过组态软件或者仪表逐渐增加电动调节阀的开度以增大流量，待各仪表读数显示稳定后，读取相应数据。离心泵特性实验主要获取实验数据为：流量 V、泵进口压力 p_1、泵出口压力 p_2、电机功率 $N_电$、泵转速 n，及流体温度 t 和两测压点间高度差 H_0（$H_0 = 0.1\text{m}$）。

（4）测取 10 组左右数据后，可以停泵，同时记录下设备的相关数据（如离心泵型号、额定流量、额定转速、扬程和功率等），停泵前先将出口阀关闭。

2. 注意事项

（1）一般每次实验前，均需对泵进行灌泵操作，以防止离心泵气缚。同时注意定期对

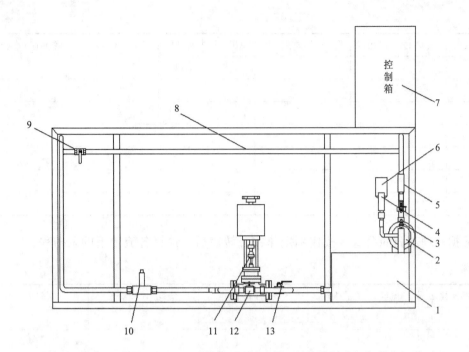

图 1　离心泵特性曲线测定实验装置示意图

1—水箱；2—离心泵；3—铂热电阻（测量水温）；4—泵进口压力传感器；

5—泵出口压力传感器；6—灌泵口；7—电器控制箱；8—离心泵实验管路（光滑管）；

9—离心泵的管路阀；10—涡轮流量计；11—电动调节阀；

12—旁路闸阀；13—离心泵实验电动调节阀管路球阀

泵进行保养，防止叶轮被固体颗粒损坏。

（2）泵运转过程中，勿触碰泵主轴部分，因其高速转动，可能会缠绕并伤害身体接触部位。

（3）不要在出口阀关闭状态下长时间使泵运转，一般不超过三分钟，否则泵中液体循环温度升高，易生气泡，使泵抽空。

【实验数据处理】

1. 记录实验原始数据

实验日期：_____　实验人员：_____　学号：_____　装置号：_____

离心泵型号 = _____，额定流量 = _____，额定转速_____，额定扬程 = _____，额定功率 = _____。

泵进出口测压点高度差 H_0 = _____，流体温度 t = _____。

实验次数	流量 V/（m^3/h）	泵进口压力 p_1/kPa	泵出口压力 p_2/kPa	电机功率 $N_{电}$/kW	泵转速 n/（r/min）

实验次数	流量 $V/$（m^3/h）	泵进口压力 p_1/kPa	泵出口压力 p_2/kPa	电机功率 $N_电/kW$	泵转速 $n/$（r/min）

根据原理部分的公式，按比例定律校合转速后，计算各流量下的泵扬程、轴功率和效率。

实验次数	流量 $V/$（m^3/h）	扬程 H/m	轴功率 N/kW	泵效率 $\eta/\%$

2. 实验数据的处理

（1）在同一张坐标纸上分别绘制一定转速下的 $H \sim V$、$N \sim V$、$\eta \sim V$ 曲线。

（2）分析实验结果，判断泵较为适宜的工作范围。

【思考题】

1. 试从所测实验数据分析，离心泵在启动时为什么要关闭出口阀门？

2. 启动离心泵之前为什么要引水灌泵？如果灌泵后依然启动不起来，你认为可能的原因是什么？

3. 为什么用泵的出口阀门调节流量？这种方法有什么优缺点？是否还有其他方法调节流量？

4. 泵启动后，出口阀如果不打开，压力表读数是否会逐渐上升？为什么？

5. 正常工作的离心泵，在其进口管路上安装阀门是否合理？为什么？

6. 试分析，用清水泵输送密度为 $1200kg/m^3$ 的盐水，在相同流量下泵的压力是否变化? 轴功率是否变化?

实验五 恒压过滤常数测定实验

【实验目的】

1. 熟悉板框压滤机的构造和操作方法;
2. 通过恒压过滤实验,验证过滤基本原理;
3. 学会测定过滤常数 K、q_e、τ_e 及压缩性指数 S 的方法;
4. 了解过滤压力对过滤速率的影响。

【实验原理】

过滤是以某种多孔物质为介质来处理悬浮液以达到固、液分离的一种操作过程,即在外力的作用下,悬浮液中的液体通过固体颗粒层(即滤渣层)及多孔介质的孔道而固体颗粒被截留下来形成滤渣层,从而实现固、液分离。因此,过滤操作本质上是流体通过固体颗粒层的流动,而这个固体颗粒层(滤渣层)的厚度随着过滤的进行而不断增加,故在恒压过滤操作中,过滤速度不断降低。

过滤速度 u 定义为单位时间单位过滤面积内通过过滤介质的滤液量。影响过滤速度的主要因素除过滤推动力(压强差)Δp、滤饼厚度 L 外,还有滤饼和悬浮液的性质、悬浮液温度、过滤介质的阻力等。

过滤时滤液流过滤渣和过滤介质的流动过程基本上处在层流流动范围内,因此可利用流体通过固定床压降的简化模型,寻求滤液量与时间的关系,可得过滤速度计算式

$$u = \frac{dV}{Ad\tau} = \frac{dq}{d\tau} = \frac{A^2 \Delta p^{1-S}}{\mu \cdot r \cdot C(V + V_e)} = \frac{A^2 \Delta p^{1-S}}{\mu \cdot r' \cdot C'(V + V_e)} \tag{1}$$

式中　u——过滤速度,m/s;

　　　V——通过过滤介质的滤液量,m³;

　　　A——过滤面积,m²;

　　　τ——过滤时间,s;

　　　q——单位面积过滤介质的滤液体积,m³/m²;

　　Δp——过滤压强差(表压),Pa;

　　　S——滤饼压缩性指数,无因次;

　　　μ——滤液的黏度,Pa·s;

　　　r——滤饼比阻,1/m²;

　　　C——滤饼质量,kg/m³;

　　　V_e——过滤介质的当量滤液体积,m³;

r'——单位压强下的比阻，$1/m^2$，$r = r'\Delta p^S$；

C'——单位滤液体积的滤饼质量，kg/m^3。

对于一定的悬浮液，在恒温和恒压下过滤时，μ、r、C 和 Δp 都恒定，为此令：

$$K = \frac{2\Delta p^{1-S}}{\mu \cdot r \cdot C} \tag{2}$$

于是式（1）可改写为

$$\frac{dV}{d\tau} = \frac{KA^2}{2(V + V_e)} \tag{3}$$

式中 K——过滤常数，由物料特性及过滤压差所决定，m^2/s。

将式（3）分离变量积分，整理得

$$\int_{V_e}^{V+V_e}(V + V_e)d(V + V_e) = \frac{1}{2}KA^2\int_0^\tau d\tau \tag{4}$$

即

$$V^2 + 2VV_e = KA^2\tau \tag{5}$$

将式（4）的积分极限改为从 0 到 V_e 和从 0 到 τ_e 积分，则

$$V_e^2 = KA^2\tau_e \tag{6}$$

将式（5）和式（6）相加，可得

$$(V + V_e)^2 = KA^2(\tau + \tau_e) \tag{7}$$

式中 τ_e——虚拟过滤时间，相当于滤出滤液量 V_e 所需时间，s。

再将式（7）微分，得

$$2(V + V_e)dV = KA^2 d\tau \tag{8}$$

将式（8）写成差分形式，则

$$\frac{\Delta\tau}{\Delta q} = \frac{2}{K}\bar{q} + \frac{2}{K}q_e \tag{9}$$

式中 Δq——每次测定的单位过滤面积滤液体积（在实验中一般等量分配），m^3/m^2；

$\Delta\tau$——每次测定的滤液体积 Δq 所对应的时间，s；

$\bar{q}$——相邻二个 q 值的平均值，m^3/m^2。

以 $\Delta\tau/\Delta q$ 为纵坐标，$\bar{q}$ 为横坐标将式（9）标绘成一直线，可得该直线的斜率和截距，

斜率
$$S = \frac{2}{K}$$

截距
$$I = \frac{2}{K}q_e$$

则
$$K = \frac{2}{S}, \quad m^2/s$$

$$q_e = \frac{KI}{2} = \frac{I}{S}, \quad m^3$$

$$\tau_e = \frac{q_e^2}{K} = \frac{I^2}{KS^2}, \quad s$$

改变过滤压差 Δp，可测得不同的 K 值，由 K 的定义式（2）两边取对数得

$$\lg K = (1 - S)\lg(\Delta p) + B \tag{10}$$

在实验压差范围内，若 B 为常数，则 $\lg K \sim \lg(\Delta p)$ 的关系在直角坐标上应是一条直线，斜率为 $(1 - S)$，可得滤饼压缩性指数 S。

【实验装置】

本实验装置由空压机、配料槽、压力料槽、板框过滤机等组成，如图 1 所示。

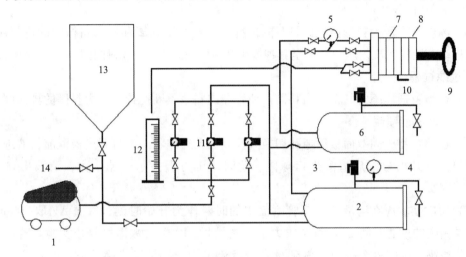

图 1 板框压滤机过滤流程

1—空气压缩机；2—压力料槽；3—安全阀；4，5—压力表；6—清水罐；7—滤框；
8—滤板；9—手轮；10—通孔切换阀；11—调压阀；12—量筒；13—配料罐；14—地沟

CaCO₃ 的悬浮液在配料罐内配制一定浓度后，利用压差送入压力料槽中，用压缩空气加以搅拌使 CaCO₃ 不致沉降，同时利用压缩空气的压力将滤浆送入板框压滤机过滤，滤液流入量筒计量，压缩空气从压力料槽上排空管中排出。

板框压滤机的结构尺寸：框厚度 20mm，每个框过滤面积 0.0177m²，框数 2 个。

空气压缩机规格型号：风量 0.06m³/min，最大气压 0.8MPa。

【实验步骤】

1. 实验准备

（1）配料：在配料罐内配制 CaCO₃ 质量分数 10%～30% 的水悬浮液，碳酸钙事先由天平称重，水位高度按标尺示意，筒身直径 35mm。配置时，应将配料罐底部阀门关闭。

（2）搅拌：开启空压机，将压缩空气通入配料罐（空压机的出口小球阀保持半开，进入配料罐的两个阀门保持适当开度），使 CaCO₃ 悬浮液搅拌均匀。搅拌时，应将配料罐的顶盖合上。

（3）设定压力：分别打开进压力料槽的三路阀门，空压机过来的压缩空气经各定值调

节阀分别设定为 0.1MPa、0.2MPa 和 0.25MPa（出厂已设定，实验时不需要再调压。若欲作 0.25MPa 以上压力过滤，需调节压力罐安全阀）。设定定值调节阀时，压力料槽泄压阀可略开。

（4）装板框：正确装好滤板、滤框及滤布。滤布使用前用水浸湿，滤布要绷紧，不能起皱。滤布紧贴滤板，密封垫贴紧滤布（注意：用螺旋压紧时，千万不要把手指压伤，先慢慢转动手轮使板框合上，然后再压紧）。

（5）灌清水：向清水罐通入自来水，液面达视镜 2/3 高度左右。灌清水时，应将安全阀处的泄压阀打开。

（6）灌料：在压力料槽泄压阀打开的情况下，打开配料罐和压力料槽间的进料阀门，使料浆自动由配料罐流入压力料槽至其视镜 1/2～2/3 处，关闭进料阀门。

2. 过滤过程

（1）鼓泡：通压缩空气至压力料槽，使容器内料浆不断搅拌。压力料槽的排气阀应不断排气，但又不能喷浆。

（2）过滤：将中间双面板下通孔切换阀开到通孔通路状态。打开进板框前料液进口的两个阀门，打开出板框后清液出口球阀。此时，压力表指示过滤压力，清液出口流出滤液。

（3）每次实验应在滤液从汇集管刚流出的时候作为开始时刻，每次 ΔV 取 800mL 左右。记录相应的过滤时间 $\Delta\tau$。每个压力下，测量 8～10 个读数即可停止实验。若欲得到干而厚的滤饼，则应每个压力下做到没有清液流出为止。量筒交换接滤液时不要流失滤液，等量筒内滤液静止后读出 ΔV 值。（注意：ΔV 约 800mL 时替换量筒，这时量筒内滤液量并非正好 800mL。要事先熟悉量筒刻度，不要打碎量筒），此外，要熟练双秒表轮流读数的方法。

（4）一个压力下的实验完成后，先打开泄压阀使压力料槽泄压。卸下滤框、滤板、滤布进行清洗，清洗时滤布不要折。每次滤液及滤饼均收集在小桶内，滤饼弄细后重新倒入料浆桶内搅拌配料，进入下一个压力实验。注意若清水罐水不足，可补充一定水源，补水时仍应打开该罐的泄压阀。

3. 清洗过程

（1）关闭板框过滤的进出阀门。将中间双面板下通孔切换阀开到通孔关闭状态（阀门手柄与滤板平行为过滤状态，垂直为清洗状态）。

（2）打开清洗液进入板框的进出阀门（板框前两个进口阀，板框后一个出口阀）。此时，压力表指示清洗压力，清液出口流出清洗液。清洗液速度比同压力下过滤速度小很多。

（3）清洗液流动约 1min，可观察混浊变化判断结束。一般物料可不进行清洗过程。结束清洗过程，也是关闭清洗液进出板框的阀门，关闭定值调节阀后进气阀门。

4. 实验结束

（1）先关闭空压机出口球阀，关闭空压机电源。

（2）打开安全阀处泄压阀，使压力料槽和清水罐泄压。

（3）卸下滤框、滤板、滤布进行清洗，清洗时滤布不要折。

（4）将压力料槽内物料反压到配料罐内备下次使用，或将该二罐物料直接排空后用清水冲洗。

【实验数据处理】

1. 滤饼常数 K 的求取

依次算出多组 $\Delta\tau/\Delta q$ 及 $\bar{q}$；

在直角坐标系中绘制 $\Delta\tau/\Delta q \sim \bar{q}$ 的关系曲线，如图 2 所示，从该图中读出斜率可求得 K。不同压力下的 K 值列于表 1 中。

表 1　不同压力下的 K 值

$\Delta P/$（kgf/cm²）	过滤常数 $K/$（m²/s）

2. 滤饼压缩性指数 S 的求取

将不同压力下测得的 K 值作 $\lg K \sim \lg \Delta p$ 曲线，如图 3 所示，也拟合得直线方程，根据斜率为 $(1-S)$，可计算得 S。

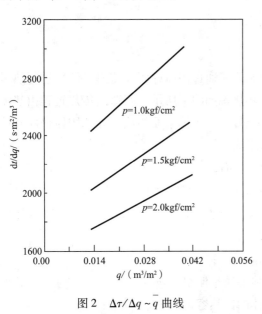

图 2　$\Delta\tau/\Delta q \sim \bar{q}$ 曲线

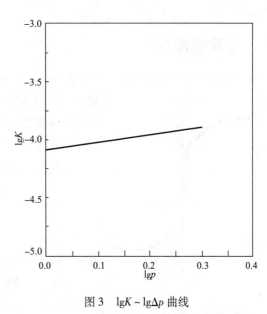

图 3　$\lg K \sim \lg \Delta p$ 曲线

【实验报告】

1. 由恒压过滤实验数据求过滤常数 K、q_e、τ_e。

2. 比较几种压差下的 K、q_e、τ_e 值，讨论压差变化对以上参数数值的影响。

3. 在直角坐标纸上绘制 $\lg K \sim \lg \Delta p$ 关系曲线，求出 S。

4. 实验结果分析与与讨论。

【思考题】

1. 板框过滤机的优缺点是什么？适用于什么场合？

2. 板框压滤机的操作分哪几个阶段？

3. 为什么过滤开始时，滤液常常有点浑浊，而过段时间后才变清？

4. 影响过滤速率的主要因素有哪些？当某一恒压下所测得的 K、q_e、τ_e 值后，若将过滤压强提高 1 倍，问上述三个值将有何变化？

实验六　空气 - 蒸汽对流给热系数测定

【实验目的】

1. 了解间壁式传热元件，掌握给热系数测定的实验方法；

2. 掌握热电阻测温的方法，观察水蒸气在水平管外壁上的冷凝现象；

3. 学会给热系数测定的实验数据处理方法，了解影响给热系数的因素和强化传热的途径。

【实验原理】

在工业生产过程中，大量情况下，冷、热流体系通过固体壁面（传热元件）进行热量交换，称为间壁式换热。如图 1 所示，间壁式传热过程由热流体对固体壁面的对流传热，固体壁面的热传导和固体壁面对冷流体的对流传热所组成。

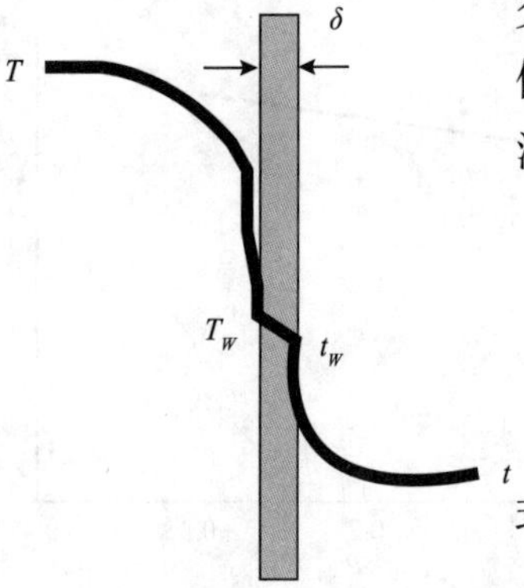

图 1　间壁式传热过程示意图

达到传热稳定时，有

$$
\begin{aligned}
Q &= m_1 c_{p1} (T_1 - T_2) = m_2 c_{p2} (t_2 - t_1) \\
&= \alpha_1 A_1 (T - T_W)_m = \alpha_2 A_2 (t_W - t)_m \\
&= K A \Delta t_m
\end{aligned} \tag{1}
$$

式中　Q——传热量，J/s；

m_1——热流体的质量流率，kg/s；

c_{p1}——热流体的比热容，J/（kg·℃）；

T_1——热流体的进口温度，℃；

T_2——热流体的出口温度，℃；

m_2——冷流体的质量流率，kg/s；

c_{p2}——冷流体的比热容，J/（kg·℃）；

t_1——冷流体的进口温度，℃；

t_2——冷流体的出口温度，℃；

α_1——热流体与固体壁面的对流传热系数，W/（m^2·℃）；

A_1——热流体侧的对流传热面积，m^2；

$(T-T_W)_m$——热流体与固体壁面的对数平均温差，℃；

α_2——冷流体与固体壁面的对流传热系数，W/（m^2·℃）；

A_2——冷流体侧的对流传热面积，m^2；

$(t_W-t)_m$——固体壁面与冷流体的对数平均温差，℃；

K——以传热面积 A 为基准的总给热系数，W/（m^2·℃）；

Δt_m——冷热流体的对数平均温差，℃。

热流体与固体壁面的对数平均温差可由式（2）计算

$$(T-T_W)_m = \frac{(T_1-T_{W1})-(T_2-T_{W2})}{\ln\dfrac{T_1-T_{W1}}{T_2-T_{W2}}} \tag{2}$$

式中　T_{W1}——热流体进口处热流体侧的壁面温度，℃；

　　　T_{W2}——热流体出口处热流体侧的壁面温度，℃。

固体壁面与冷流体的对数平均温差可由式（3）计算

$$(t_W-t)_m = \frac{(t_{W1}-t_1)-(t_{W2}-t_2)}{\ln\dfrac{t_{W1}-t_1}{t_{W2}-t_2}} \tag{3}$$

式中　t_{W1}——冷流体进口处冷流体侧的壁面温度，℃；

　　　t_{W2}——冷流体出口处冷流体侧的壁面温度，℃。

热、冷流体间的对数平均温差可由式（4）计算

$$\Delta t_m = \frac{(T_1-t_2)-(T_2-t_1)}{\ln\dfrac{T_1-t_2}{T_2-t_1}} \tag{4}$$

当在套管式间壁换热器中，环隙通以水蒸气，内管管内通以冷空气或水进行对流传热系数测定实验时，则由式（1）得内管内壁面与冷空气或水的对流传热系数

$$\alpha_2 = \frac{m_2 c_{p2}(t_2-t_1)}{A_2(t_W-t)_M} \tag{5}$$

实验中测定紫铜管的壁温 t_{W1}、t_{W2}；冷空气或水的进出口温度 t_1、t_2；实验用紫铜管的长度 l、内径 d_2，$A_2=\pi d_2 l$；和冷流体的质量流量，即可计算 α_2。

然而，直接测量固体壁面的温度，尤其管内壁的温度，实验技术难度大，而且所测得的数据准确性差，带来较大的实验误差。因此，通过测量相对较易测定的冷热流体温度来

间接推算流体与固体壁面间的对流给热系数就成为人们广泛采用的一种实验研究手段。

由式（1）得，

$$K = \frac{m_2 c_{p2}(t_2 - t_1)}{A\Delta t_m} \tag{6}$$

实验测定 m_2、t_1、t_2、T_1、T_2、换热面积 A，并查取 $t_{平均} = \frac{1}{2}(t_1 + t_2)$ 下冷流体对应的 c_{p2}，即可由上式计算得总给热系数 K。

下面通过两种方法来求对流给热系数。

1. 近似法求算对流给热系数 α_2

以管内壁面积为基准的总给热系数与对流给热系数间的关系为

$$\frac{1}{K} = \frac{1}{\alpha_2} + R_{S2} + \frac{bd_2}{\lambda d_m} + R_{S1}\frac{d_2}{d_1} + \frac{d_2}{\alpha_1 d_1} \tag{7}$$

式中 d_1——换热管外径，m；

d_2——换热管内径，m；

d_m——换热管的对数平均直径，m；

b——换热管的壁厚，m；

λ——换热管材料的导热系数，W/（m·℃）；

R_{S1}——换热管外侧的污垢热阻，$m^2 \cdot K/W$；

R_{S2}——换热管内侧的污垢热阻，$m^2 \cdot K/W$。

用本装置进行实验时，管内冷流体与管壁间的对流给热系数约为几十到几百 W/（$m^2 \cdot K$）；而管外为蒸汽冷凝，冷凝给热系数 α_1 可达10^4W/（$m^2 \cdot K$）左右，因此冷凝传热热阻 $\frac{d_2}{\alpha_1 d_1}$ 可忽略，同时蒸汽冷凝较为清洁，因此换热管外侧的污垢热阻 $R_{S1}\frac{d_2}{d_1}$ 也可忽略。实验中的传热元件材料采用紫铜，导热系数为 383.8W/（m·K），壁厚为 2.5mm，因此换热管壁的导热热阻 $\frac{bd_2}{\lambda d_m}$ 可忽略。若换热管内侧的污垢热阻 R_{S2} 也忽略不计，则由式（7）得：

$$\alpha_2 \approx K \tag{8}$$

由此可见，被忽略的传热热阻与冷流体侧对流传热热阻相比越小，此法所得的准确性就越高。

2. 传热准数式求算对流给热系数 α_2

对于流体在圆形直管内作强制湍流对流传热时，若符合如下范围内：$Re = 1.0 \times 10^4 \sim 1.2 \times 10^5$，$Pr = 0.7 \sim 120$，管长与管内径之比 l/d≥60，则传热准数经验式为

$$Nu = 0.023 Re^{0.8} Pr^n \tag{9}$$

式中 Nu——努塞尔数，$Nu = \frac{\alpha d}{\lambda}$，无因次；

Re——雷诺数，$Re = \dfrac{du\rho}{\mu}$，无因次；

Pr——普兰特数，$Pr = \dfrac{c_p\mu}{\lambda}$，无因次；

当流体被加热时 $n = 0.4$，流体被冷却时 $n = 0.3$；

α——流体与固体壁面的对流传热系数，W/（m^2·℃）；

d——换热管内径，m；

λ——流体的导热系数，W/（m·℃）；

u——流体在管内流动的平均速度，m/s；

ρ——流体的密度，kg/m^3；

μ——流体的黏度，Pa·s；

c_p——流体的比热容，J/（kg·℃）。

对于水或空气在管内强制对流被加热时，可将式（9）改写为

$$\frac{1}{\alpha_2} = \frac{1}{0.023} \times \left(\frac{\pi}{4}\right)^{0.8} \times d_2^{1.8} \times \frac{1}{\lambda_2 Pr_2^{0.4}} \times \left(\frac{\mu_2}{m_2}\right)^{0.8} \tag{10}$$

令

$$m = \frac{1}{0.023} \times \left(\frac{\pi}{4}\right)^{0.8} \times d_2^{1.8} \tag{11}$$

$$X = \frac{1}{\lambda_2 Pr_2^{0.4}} \times \left(\frac{\mu_2}{m_2}\right)^{0.8} \tag{12}$$

$$Y = \frac{1}{K} \tag{13}$$

$$C = R_{S2} + \frac{bd_2}{\lambda d_m} + R_{S1}\frac{d_2}{d_1} + \frac{d_2}{\alpha_1 d_1} \tag{14}$$

则式（7）可写为

$$Y = mX + C \tag{15}$$

当测定管内不同流量下的对流给热系数时，由式（14）计算所得的 C 值为一常数。管内径 d_2 一定时，m 也为常数。因此，实验时测定不同流量所对应的 t_1、t_2、T_1、T_2，由式（4）、式（6）、式（12）、式（13）求取一系列 X、Y 值，再在 $X \sim Y$ 图上作图，将所得的 X、Y 值回归成一直线，该直线的斜率即为 m。任一冷流体流量下的给热系数 α_2 可用下式求得

$$\alpha_2 = \frac{\lambda_2 Pr_2^{0.4}}{m} \times \left(\frac{m_2}{\mu_2}\right)^{0.8} \tag{16}$$

3. 冷流体质量流量的测定

（1）若用转子流量计测定冷空气的流量，还须用下式换算得到实际的流量

$$V' = V\sqrt{\frac{\rho(\rho_f - \rho')}{\rho'(\rho_f - \rho)}} \tag{17}$$

式中　V'——实际被测流体的体积流量，m^3/s；

ρ'——实际被测流体的密度，kg/m^3；均可取 $t_{平均} = \dfrac{1}{2}(t_1 + t_2)$ 下对应水或空气的密度；

V——标定用流体的体积流量，m^3/s；

ρ——标定用流体的密度，kg/m^3；对水，$\rho = 1000kg/m^3$；对空气，$\rho = 1.205kg/m^3$；

ρ_f——转子材料密度，kg/m^3。

于是 $$m_2 = V'\rho' \tag{18}$$

（2）若用孔板流量计测冷流体的流量，则，

$$m_2 = \rho V \tag{19}$$

式中　V——冷流体进口处流量计读数；

ρ——冷流体进口温度下对应的密度。

4. 冷流体物性与温度的关系式

在 $0 \sim 100℃$ 之间，冷流体的物性与温度的关系有如下拟合公式。

（1）空气的密度与温度的关系式：$\rho = 10^{-5}t^2 - 4.5 \times 10^{-3}t + 1.2916$

（2）空气的比热容与温度的关系式：60℃以下 $c_p = 1005J/(kg \cdot ℃)$，

　　　　　　　　　　　　　　　70℃以上 $c_p = 1009J/(kg \cdot ℃)$。

（3）空气的导热系数与温度的关系式：$\lambda = -2 \times 10^{-8}t^2 + 8 \times 10^{-5}t + 0.0244$

（4）空气的黏度与温度的关系式：$\mu = (-2 \times 10^{-6}t^2 + 5 \times 10^{-3}t + 1.7169) \times 10^{-5}$

【实验装置与流程】

1. 实验装置（图2）

来自蒸汽发生器的水蒸气进入不锈钢套管换热器环隙，与来自风机的空气在套管换热器内进行热交换，冷凝水经阀门排入地沟。冷空气经孔板流量计或转子流量计进入套管换热器内管（紫铜管），热交换后排出装置外。

2. 设备与仪表规格

（1）紫铜管规格：直径 $\phi21mm \times 2.5mm$，长度 $L = 1000mm$

（2）外套不锈钢管规格：直径 $\phi100mm \times 5mm$，长度 $L = 1000mm$

（3）铂热电阻及无纸记录仪温度显示；

（4）全自动蒸汽发生器及蒸汽压力表。

【实验步骤与注意事项】

1. 实验步骤

（1）打开控制面板上的总电源开关，打开仪表电源开关，使仪表通电预热，观察仪表显示是否正常。

（2）关闭蒸汽发生器的排水阀，在蒸汽发生器中灌装清水，开启发生器电源，水泵会

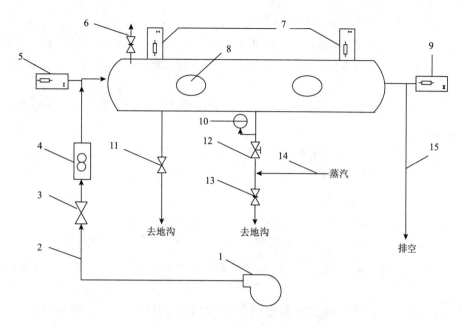

图2 空气－水蒸气换热流程图

1—风机；2—冷流体管路；3—冷流体进口调节阀；4—转子流量计；5—冷流体进口温度；

6—不凝性气体排空阀；7—蒸汽温度；8—视镜；9—冷流体出口温度；10—压力表；

11—水汽排空阀；12—蒸汽进口阀；13—冷凝水排空阀；14—蒸汽进口管路；15—冷流体出口管路

自动将水送入锅炉，灌满后会自动转入加热状态。到达符合条件的蒸汽压力后，系统会自动处于保温状态。

（3）打开控制面板上的风机电源开关，让风机工作，同时打开冷流体进口阀，让套管换热器里充有一定量的空气。

（4）打开冷凝水出口阀，排出上次实验余留的冷凝水，在整个实验过程中也保持一定开度。注意开度适中，开度太大会使换热器中的蒸汽跑掉，开度太小会使换热不锈钢管里的蒸汽压力过大而导致不锈钢管炸裂。

（5）在通蒸汽前，也应将蒸汽发生器到实验装置之间管道中的冷凝水排除，否则夹带冷凝水的蒸汽会损坏压力表及压力变送器。具体排除冷凝水的方法是：关闭蒸汽进口阀门，打开装置下面的排冷凝水阀门，让蒸汽压力把管道中的冷凝水带走，当听到蒸汽响时关闭冷凝水排除阀，方可进行下一步实验。

（6）开始通入蒸汽时，要仔细调节蒸汽阀的开度，让蒸汽徐徐流入换热器中，逐渐充满系统中，使系统由"冷态"转变为"热态"，不得少于10min，防止不锈钢管换热器因突然受热、受压而爆裂。

（7）上述准备工作结束，系统也处于"热态"后，调节蒸汽进口阀，使蒸汽进口压力维持在0.01MPa，可通过调节蒸汽发生器出口阀及蒸汽进口阀开度来实现。

（8）通过调节冷空气进口阀来改变冷空气流量，在每个流量条件下，均须待热交换过程稳定后方可记录实验数值，一般每个流量下至少应使热交换过程保持5min方为视为稳定；改变流量，记录不同流量下的实验数值。

（9）记录 6~8 组实验数据，可结束实验。先关闭蒸汽发生器，关闭蒸汽进口阀，关闭仪表电源，待系统逐渐冷却后关闭风机电源，待冷凝水流尽，关闭冷凝水出口阀，关闭总电源。

（10）待蒸汽发生器为常压后，将锅炉中的水排尽。

2. 注意事项

（1）先打开水汽排空阀，注意只开一定的开度，开的太大会使换热器里的蒸汽跑掉，开的太小会使换热不锈钢管里的蒸汽压力增大而使不锈钢管炸裂。

（2）一定要在套管换热器内管输以一定量的空气后，方可开启蒸汽阀门，且必须在排除蒸汽管线上原先积存的凝结水后，方可把蒸汽通入套管换热器中。

（3）刚开始通入蒸汽时，要仔细调节蒸汽进口阀的开度，让蒸汽徐徐流入换热器中，逐渐加热，由"冷态"转变为"热态"，不得少于 10min，以防止不锈钢管因突然受热、受压而爆裂。

（4）操作过程中，蒸汽压力一般控制在 0.02MPa（表压）以下，否则可能造成不锈钢管爆裂。

（5）确定各参数时，必须是在稳定传热状态下，随时注意蒸汽量的调节和压力表读数的调整。

【实验报告】

1. 计算冷流体给热系数的实验值。

2. 冷流体给热系数的准数式 $Nu/Pr^{0.4} = A\,Re^m$，由实验数据作图拟合曲线方程，确定式中常数 A 及 m。

3. 以 $\ln(Nu/Pr^{0.4})$ 为纵坐标，$\ln(Re)$ 为横坐标，将处理实验数据的结果标绘在图上，并与教材中的经验式 $Nu/Pr^{0.4} = 0.023\,Re^{0.8}$ 比较。

【思考题】

1. 实验中冷流体和蒸汽的流向对传热效果有何影响？

2. 在计算空气质量流量时所用到的密度值与求雷诺数时的密度值是否一致？它们分别表示什么位置的密度，应在什么条件下进行计算。

3. 实验过程中，冷凝水不及时排走，会产生什么影响？如何及时排走冷凝水？如果采用不同压强的蒸汽进行实验，对 α 关联式有何影响？

实验七 筛板塔精馏过程实验

【实验目的】

1. 了解筛板精馏塔及其附属设备的基本结构，掌握精馏过程的基本操作方法；

2. 学会判断系统达到稳定的方法，掌握测定塔顶、塔釜溶液浓度的实验方法；

3. 学习测定精馏塔全塔效率和单板效率的实验方法，研究回流比对精馏塔分离效率的影响。

【实验原理】

1. 全塔效率 E_{T}

全塔效率又称总板效率，是指达到指定分离效果所需理论板数与实际板数的比值，即

$$E_{\mathrm{T}} = \frac{N_{\mathrm{T}} - 1}{N_{\mathrm{P}}} \tag{1}$$

式中　N_{T}——完成一定分离任务所需的理论塔板数，包括蒸馏釜；

　　　N_{P}——完成一定分离任务所需的实际塔板数，本装置 $N_{\mathrm{P}} = 10$。

全塔效率简单地反映了整个塔内塔板的平均效率，说明了塔板结构、物性系数、操作状况对塔分离能力的影响。对于塔内所需理论塔板数 N_{T}，可由已知的双组分物系平衡关系，以及实验中测得的塔顶、塔釜出液的组成，回流比 R 和热状况 q 等，用图解法求得。

2. 单板效率 E_{M}

单板效率又称莫弗里板效率，如图 1 所示，是指气相或液相经过一层实际塔板前后的组成变化值与经过一层理论塔板前后的组成变化值之比。

按气相组成变化表示的单板效率为

$$E_{\mathrm{MV}} = \frac{y_{\mathrm{n}} - y_{\mathrm{n+1}}}{y_{\mathrm{n}}^* - y_{\mathrm{n+1}}} \tag{2}$$

按液相组成变化表示的单板效率为

$$E_{\mathrm{ML}} = \frac{x_{\mathrm{n-1}} - x_{\mathrm{n}}}{x_{\mathrm{n-1}} - x_{\mathrm{n}}^*} \tag{3}$$

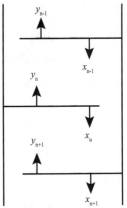

图 1　塔板气液流向示意图

式中　y_{n}，$y_{\mathrm{n+1}}$——离开第 n、$n+1$ 块塔板的气相组成，摩尔分数；

　　　$x_{\mathrm{n-1}}$，x_{n}——离开第 $n-1$、n 块塔板的液相组成，摩尔分数；

　　　y_{n}^*——与 x_{n} 成平衡的气相组成，摩尔分数；

　　　x_{n}^*——与 y_{n} 成平衡的液相组成，摩尔分数。

3. 图解法求理论塔板数 N_T

图解法又称麦卡勃－蒂列（McCabe－Thiele）法，简称 M－T 法，其原理与逐板计算法完全相同，只是将逐板计算过程在 y—x 图上直观地表示出来。

精馏段的操作线方程为

$$y_{n+1} = \frac{R}{R+1}x_n + \frac{x_D}{R+1} \tag{4}$$

式中　　y_{n+1}——精馏段第 $n+1$ 块塔板上升的蒸汽组成，摩尔分数；

　　　　x_n——精馏段第 n 块塔板下流的液体组成，摩尔分数；

　　　　x_D——塔顶溜出液的液体组成，摩尔分数；

　　　　R——泡点回流下的回流比。

提馏段的操作线方程为

$$y_{m+1} = \frac{L'}{L'-W}x_m - \frac{Wx_W}{L'-W} \tag{5}$$

式中　　y_{m+1}——提馏段第 $m+1$ 块塔板上升的蒸汽组成，摩尔分数；

　　　　x_m——提馏段第 m 块塔板下流的液体组成，摩尔分数；

　　　　x_W——塔底釜液的液体组成，摩尔分数；

　　　　L'——提馏段内下流的液体量，kmol/s；

　　　　W——釜液流量，kmol/s。

加料线（q 线）方程可表示为

$$y = \frac{q}{q-1}x - \frac{x_F}{q-1} \tag{6}$$

$$q = 1 + \frac{c_{pF}(t_S - t_F)}{r_F} \tag{7}$$

式中　　q——进料热状况参数；

　　　　r_F——进料液组成下的汽化潜热，kJ/kmol；

　　　　t_S——进料液的泡点温度，℃；

　　　　t_F——进料液温度，℃；

　　　　c_{pF}——进料液在平均温度（$t_S - t_F$）/2 下的比热容，kJ/（kmol·℃）；

　　　　x_F——进料液组成，摩尔分数。

回流比 R 的确定　　　　　$$R = \frac{L}{D} \tag{8}$$

式中　　L——回流液量，kmol/s；

　　　　D——馏出液量，kmol/s。

式（8）只适用于泡点下回流时的情况，而实际操作时为了保证上升气流能完全冷凝，冷却水量一般都比较大，回流液温度往往低于泡点温度，即冷液回流。

如图 2 所示，从全凝器出来的温度为 t_R、流量为 L 的液体回流进入塔顶第一块板，由于回流温度低于第一块塔板上的液相温度，离开第一块塔板的一部分上升蒸汽将被冷凝成液体，这样，塔内的实际流量将大于塔外回流量。

对第一块板作物料、热量衡算

$$V_1 + L_1 = V_2 + L \qquad (9)$$

$$V_1 I_{V1} + L_1 I_{L1} = V_2 I_{V2} + L I_L \qquad (10)$$

对式（9）、式（10）整理、化简后，近似可得

$$L_1 \approx L\left[1 + \frac{c_p(t_{1L} - t_R)}{r}\right] \qquad (11)$$

即实际回流比　　$R_1 = \dfrac{L_1}{D}$ 　　(12)

$$R_1 = \frac{L\left[1 + \dfrac{c_p(t_{1L} - t_R)}{r}\right]}{D} \qquad (13)$$

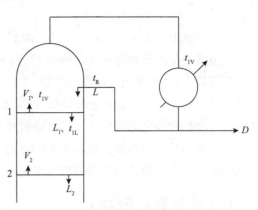

图 2　塔顶回流示意图

式中　V_1，V_2——离开第 1、2 块板的气相摩尔流量，kmol/s；

　　　　L_1——塔内实际液流量，kmol/s；

$I_{V1}, I_{V2}, I_{L1}, I_L$——指对应 V_1、V_2、L_1、L 下的焓值，kJ/kmol；

　　　　r——回流液组成下的汽化潜热，kJ/kmol；

　　　　c_p——回流液在 t_{1L} 与 t_R 平均温度下的平均比热容，kJ/（kmol·℃）。

（1）全回流操作

在精馏全回流操作时，操作线在 $x-y$ 图上为对角线，如图 3 所示，根据塔顶、塔釜的组成在操作线和平衡线间作梯级，即可得到理论塔板数。

（2）部分回流操作

部分回流操作时，如图 4 所示，图解法的主要步骤为：

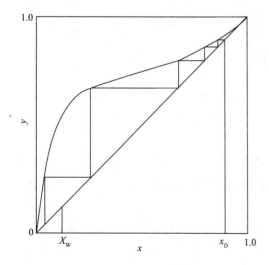

图 3　全回流时理论板数的确定

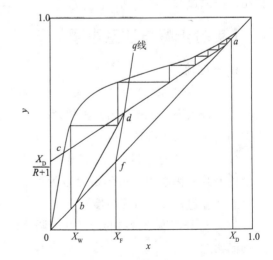

图 4　部分回流时理论板数的确定

①根据物系和操作压力在 $x-y$ 图上作出相平衡曲线，并画出对角线作为辅助线；

②在 x 轴上定出 $x=x_\mathrm{D}$、x_F、x_W 三点，依次通过这三点作垂线分别交对角线于点 a、f、b；

③在 y 轴上定出 $y_\mathrm{C}=x_\mathrm{D}/(R+1)$ 的点 c，连接 a、c 作出精馏段操作线；

④由进料热状况求出 q 线的斜率 $q/(q-1)$，过点 f 作出 q 线交精馏段操作线于点 d；

⑤连接点 d、b 作出提馏段操作线；

⑥从点 a 开始在平衡线和精馏段操作线之间画阶梯，当梯级跨过点 d 时，就改在平衡线和提馏段操作线之间画阶梯，直至梯级跨过点 b 为止；

⑦所画的总阶梯数就是全塔所需的理论塔板数（包含再沸器），跨过点 d 的那块板就是加料板，其上的阶梯数为精馏段的理论塔板数。

【实验装置和流程】

本实验装置的主体设备是筛板精馏塔，配套的有加料系统、回流系统、产品出料管路、残液出料管路、进料泵和一些测量、控制仪表，如图 5 所示。

筛板塔主要结构参数：塔内径 $D=68\mathrm{mm}$，厚度 $\delta=2\mathrm{mm}$，塔节 $\phi76\times4$，塔板数 $N=10$ 块，板间距 $H_\mathrm{T}=100\mathrm{mm}$。加料位置由下向上起数第 4 块和第 6 块。降液管采用弓形，齿形堰，堰长 56mm，堰高 7.3mm，齿深 4.6mm，齿数 9 个。降液管底隙 4.5mm。筛孔直径 $d_0=1.5\mathrm{mm}$，正三角形排列，孔间距 $t=5\mathrm{mm}$，开孔数为 74 个。塔釜为内电加热式，加热功率 2.5kW，有效容积为 10L。塔顶冷凝器、塔釜换热器均为盘管式。单板取样为自下而上第 1 块和第 10 块，斜向上为液相取样口，水平管为气相取样口。

本实验料液为乙醇水溶液，釜内液体由电加热器产生蒸汽逐板上升，经与各板上的液体传质后，进入盘管式换热器壳程，冷凝成液体后再从集液器流出，一部分作为回流液从塔顶流入塔内，另一部分作为产品馏出，进入产品储罐；残液经釜液转子流量计流入釜液储罐。精馏过程如图 5 所示。

【实验步骤与注意事项】

1. 全回流

（1）配制体积分数 10%～20% 的料液加入储罐中，打开进料管路上的阀门，由进料泵将料液打入塔釜，观察塔釜液位计高度，进料至釜容积的 2/3 处。进料时可以打开进料旁路的闸阀，加快进料速度。

（2）关闭塔身进料管路上的阀门，启动电加热管电源，逐步增加加热电压，使塔釜温度缓慢上升（因塔中部玻璃部分较为脆弱，若加热过快玻璃极易碎裂，使整个精馏塔报废，故升温过程应尽可能缓慢）。

（3）打开塔顶冷凝器的冷却水，调节合适冷凝量，并关闭塔顶出料管路，使整塔处于全回流状态。

（4）当塔顶温度、回流量和塔釜温度稳定后，分别取塔顶浓度 x_D 和塔釜浓度 x_W，送色谱分析仪分析。

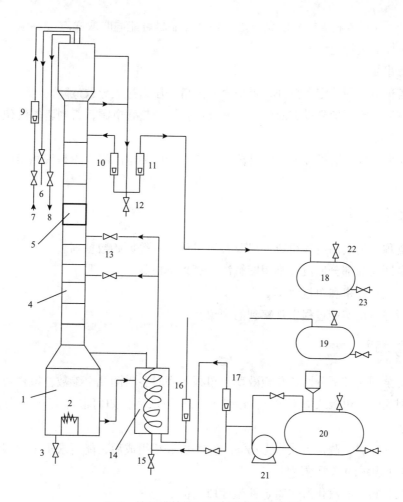

图5 筛板塔精馏过程实验装置示意图

1—塔釜；2—电加热器；3—塔釜排液口；4—塔板；5—玻璃视镜；6—不凝性气体出口；

7—冷却水进口；8—冷却水出口；9—冷却水流量计；10—塔顶回流流量计；11—塔顶出料液流量计；

12—塔顶出料取样口；13—进料阀；14—换热器；15—进料液取样口；16—塔釜残液流量计；

17—进料液流量计；18—产品罐；19—残液罐；20—原料罐；21—进料泵；22—排空阀；23—排液阀

2. 部分回流

（1）在储料罐中配制一定浓度的乙醇水溶液（约10%～20%）。

（2）待塔全回流操作稳定时，打开进料阀，调节进料量至适当的流量。

（3）控制塔顶回流和出料两转子流量计，调节回流比 R（$R = 1 \sim 4$）。

（4）打开塔釜残液流量计，调节至适当流量。

（5）当塔顶、塔内温度读数以及流量都稳定后即可取样。

3. 取样与分析

（1）进料、塔顶、塔釜从各相应的取样阀放出。

（2）塔板取样用注射器从所测定的塔板中缓缓抽出，取 1mL 左右注入事先洗净烘干的针剂瓶中，并给该瓶盖标号以免出错，各个样品尽可能同时取样。

（3）将样品进行色谱分析。

4. 注意事项

（1）塔顶放空阀一定要打开，否则容易因塔内压力过大导致危险。

（2）料液一定要加到设定液位 2/3 处方可打开加热管电源，否则塔釜液位过低会使电加热丝露出干烧致坏。

（3）如果实验中塔板温度有明显偏差，是由于所测定的温度不是气相温度，而是气液混合的温度。

【实验报告】

1. 将塔顶、塔底温度和组成，以及各流量计读数等原始数据列表。
2. 按全回流和部分回流分别用图解法计算理论板数。
3. 计算全塔效率和单板效率。
4. 分析并讨论实验过程中观察到的现象。

【思考题】

1. 测定全回流和部分回流总板效率与单板效率时各需测几个参数？取样位置在何处？
2. 全回流时测得板式塔上第 n、$n-1$ 层液相组成后，如何求得 x_n^*，部分回流时，又如何求 x_n^*？
3. 在全回流时，测得板式塔上第 n、$n-1$ 层液相组成后，能否求出第 n 层塔板上的以气相组成变化表示的单板效率？
4. 查取进料液的汽化潜热时定性温度取何值？
5. 若测得单板效率超过 100%，作何解释？
6. 试分析实验结果成功或失败的原因，提出改进意见。

实验八　填料塔吸收传质系数测定

【实验目的】

1. 了解填料塔吸收装置的基本结构及流程；
2. 掌握总体积传质系数的测定方法；
3. 了解气体空塔速度和液体喷淋密度对总体积传质系数的影响。

【实验原理】

气体吸收是典型的传质过程之一。由于 CO_2 气体无味、无毒、廉价，所以气体吸收实

验常选择 CO_2 作为溶质组分。本实验采用水吸收空气中的 CO_2 组分。一般 CO_2 在水中的溶解度很小，即使预先将一定量的 CO_2 气体通入空气中混合以提高空气中的 CO_2 浓度，水中的 CO_2 含量仍然很低，所以吸收的计算方法可按低浓度来处理，并且此体系 CO_2 气体的解吸过程属于液膜控制。因此，本实验主要测定 K_{Xa} 和 H_{OL}。

1. 计算公式

填料层高度 Z 为

$$Z = \int_0^Z dZ = \frac{L}{K_{Xa}} \int_{X_2}^{X_1} \frac{dx}{X^* - X} = H_{OL} \cdot N_{OL} \tag{1}$$

式中　L——液体通过塔截面的摩尔流量，$kmol/(m^2 \cdot s)$；

$\quad K_{Xa}$——以 ΔX 为推动力的液相总体积传质系数，$kmol/(m^3 \cdot s)$；

$\quad X_1$——塔底流出液体的摩尔比，无因次；

$\quad X_2$——液体进入塔顶的摩尔比，无因次；

$X^* - X$——塔内任一截面处液相的传质推动力，无因次；

$\quad H_{OL}$——液相总传质单元高度，m；

$\quad N_{OL}$——液相总传质单元数，无因次。

　　令，吸收因数 $A = L/mG$ $\tag{2}$

式中　m——相平衡常数，$m = E/P$；

$\quad G$——惰性气体通过塔截面的摩尔流量，$kmol/(m^2 \cdot s)$。

　　则

$$N_{OL} = \frac{1}{1 - A} \ln\left[(1 - A) \frac{Y_2 - mX_2}{Y_1 - mX_1} + A \right] \tag{3}$$

式中　m——相平衡常数，$m = E/P$；E 为亨利系数，$E = f(t)$，Pa，根据液相温度由附录查得；P 为总压，Pa，取 1atm。

$\quad Y_1$——气体进入塔底的摩尔比，无因次；

$\quad Y_2$——气体从塔顶流出时的摩尔比，无因次；

$\quad X_1$——塔底流出液体的摩尔比，无因次；

$\quad X_2$——液体进入塔顶的摩尔比，无因次。

2. 测定方法

（1）空气流量和水流量的测定

本实验采用转子流量计测得空气和水的体积流量，并根据实验条件（温度和压力）和有关公式换算成空气和水的摩尔流量。

（2）测定填料层高度 Z 和塔径 D；

（3）测定塔顶和塔底气相组成 y_1 和 y_2，并换算成 Y_1 和 Y_2；

（4）平衡关系。

本实验的平衡关系可写成

$$Y = mX \tag{4}$$

式中　m——相平衡常数。

对清水而言，$X_2 = 0$，由全塔物料衡算

$$G(Y_1 - Y_2) = L(X_1 - X_2) \tag{5}$$

式中　G——空气通过塔截面的摩尔流量，kmol/（$m^2 \cdot s$）；

　　　L——清水通过塔截面的摩尔流量，kmol/（$m^2 \cdot s$）；

　　　Y_1——气体进入塔底的摩尔比，无因次；

　　　Y_2——气体从塔顶流出时的摩尔比，无因次；

　　　X_1——塔底流出液体的摩尔比，无因次；

　　　X_2——液体进入塔顶的摩尔比，无因次。

可得 X_1。

【实验装置】

1. 装置流程

实验装置如图 1 所示。由自来水来的水经离心泵加压后送入填料塔塔顶经喷头喷淋在填料顶层。由压缩机送来的空气和由二氧化碳钢瓶来的二氧化碳混合后，一起进入气体中间储罐，然后再直接进入塔底，与水在塔内进行逆流接触，进行质量和热量的交换，由塔顶出来的尾气经转子流量计后放空，由于本实验为低浓度气体的吸收，所以热量交换可略，整个实验过程看成是等温操作。

2. 主要设备

（1）吸收塔：高效填料塔，塔径 100mm，塔内装有金属丝网板波纹规整填料，填料层总高度 1200mm。塔顶有液体初始分布器，塔中部有液体再分布器，塔底部有栅板式填料支承装置。填料塔底部有液封装置，以避免气体泄漏。

（2）填料：金属丝网板波纹规整填料，规格：$\phi100\text{mm} \times 100\text{mm}$。

（3）转子流量计，如表 1；

（4）空压机：压力 0.8MPa，排气量 0.08m^3/min；

（5）二氧化碳钢瓶。

表 1　转子流量计说明表

介　质	条　件			
	最大流量	最小刻度	标定介质	标定条件
空气	4m^3/h	0.4m^3/h	空气	20℃　1.0133$\times10^5$Pa
CO_2	250L/h	25L/h	空气	20℃　1.0133$\times10^5$Pa
水	600L/h	60L/h	水	20℃　1.0133$\times10^5$Pa

【实验步骤与注意事项】

1. 实验步骤

（1）熟悉实验流程，弄清气相色谱仪及其配套仪器结构、原理、使用方法及其注意

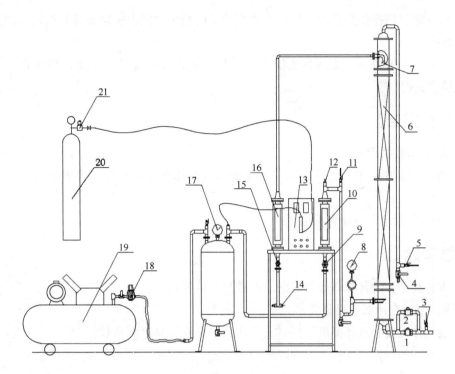

图 1 吸收装置流程图

1，2—手阀；3，5—取样口；4—排气口；6—有机玻璃塔节；7—喷淋头；8，17—压力表；
9—气体流量调节阀门；10—气体转子流量计；11—气体取样口；12—气体温度传感器；
13—仪表控制箱；14—液体温度传感器；15—液体流量调节阀；16—液体转子流量计；
18—压力定值调节阀；19—空气压缩机；20—CO_2 钢瓶；21—减压阀

事项；

（2）打开仪表电源开关；

（3）开启液体调节阀门，让水进入填料塔润湿填料，仔细调节液体调节阀门，使液体转子流量计流量稳定在某一实验值；（塔底液封控制：仔细调节阀门 2 的开度，使塔底液位缓慢地在一段区间内变化，以免塔底液封过高溢满或过低而泄气）。

（4）启动空压机，打开 CO_2 钢瓶总阀，并缓慢调节钢瓶的减压阀（注意减压阀的开关方向与普通阀门的开关方向相反，顺时针为开，逆时针为关），使其压力稳定在 0.1 ~ 0.2MPa 左右；

（5）调节 CO_2 转子流量计的流量，使其稳定在某一值；

（6）待塔操作稳定后，读取各流量计的读数，并读取各温度读数，进行取样并分析出塔顶、塔底气相组成；

（7）实验完毕，关闭 CO_2 转子流量计，液体转子流量计，再关闭空压机电源开关，清理实验仪器和实验场地。

2. 注意事项

（1）固定好操作点后，应随时注意调整以保持各量不变。

（2）在填料塔操作条件改变后，需要有较长的稳定时间，一定要等到稳定以后方能读取有关数据。

（3）由于 CO_2 在水中的溶解度很小，因此，在分析组成时一定要仔细认真，这是做好本试验的关键。

【实验报告】

1. 将原始数据列表。

2. 在双对数坐标纸上绘图表示二氧化碳吸收时体积传质系数、传质单元高度与气体流量的关系。

3. 列出实验结果与计算示例。

【思考题】

1. 本实验中，为什么塔底要有液封？液封高度如何计算？

2. 测定 K_{xa} 有什么工程意义？

3. 当气体温度和液体温度不同时，应用什么温度计算亨利系数？

实验九　干燥特性曲线测定实验

【实验目的】

1. 了解洞道式干燥装置的基本结构、工艺流程和操作方法；

2. 学习测定物料在恒定干燥条件下干燥特性的实验方法；

3. 掌握根据实验干燥曲线求取干燥速率曲线以及恒速阶段干燥速率、临界含水量、平衡含水量的实验分析方法；

4. 实验研究干燥条件对于干燥过程特性的影响。

【实验原理】

在设计干燥器的尺寸或确定干燥器的生产能力时，被干燥物料在给定干燥条件下的干燥速率、临界湿含量和平衡湿含量等干燥特性数据是最基本的技术依据参数。由于实际生产中的被干燥物料的性质千变万化，因此对于大多数具体的被干燥物料而言，其干燥特性数据常常需要通过实验测定。

按干燥过程中空气状态参数是否变化，可将干燥过程分为恒定干燥条件操作和非恒定干燥条件操作两大类。若用大量空气干燥少量物料，则可以认为湿空气在干燥过程中温度、湿度均不变，再加上气流速度、与物料的接触方式不变，则称这种操作为恒定干燥条件下的干燥操作。

1. 干燥速率的定义

干燥速率的定义为单位干燥面积（提供湿分汽化的面积）、单位时间内所除去的湿分质量。即

$$U = \frac{\mathrm{d}W}{A\mathrm{d}\tau} = -\frac{G_c\mathrm{d}X}{A\mathrm{d}\tau} \qquad (1)$$

式中 U——干燥速率，又称干燥通量，kg/（m²·s）；

A——干燥表面积，m²；

W——汽化的湿分量，kg；

τ——干燥时间，s；

G_c——绝干物料的质量，kg；

X——物料湿含量，kg 湿分/kg 干物料，负号表示 X 随干燥时间的增加而减少。

2. 干燥速率的测定方法

将湿物料试样置于恒定空气流中进行干燥实验，随着干燥时间的延长，水分不断汽化，湿物料质量减少。若记录物料不同时间下质量 G，直到物料质量不变为止，也就是物料在该条件下达到干燥极限为止，此时留在物料中的水分就是平衡水分 X^*。再将物料烘干后称重得到绝干物料重 G_c，则物料中瞬间含水率 X 为

$$X = \frac{G - G_c}{G_c} \qquad (2)$$

计算出每一时刻的瞬间含水率 X，然后将 X 对干燥时间 τ 作图，如图 1 所示，即为干燥曲线。

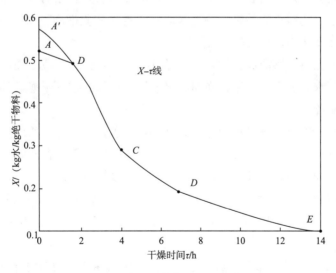

图 1 恒定干燥条件下的干燥曲线

上述干燥曲线还可以变换得到干燥速率曲线。由已测得的干燥曲线求出不同 X 下的斜率 $\frac{\mathrm{d}X}{\mathrm{d}\tau}$，再由式（1）计算得到干燥速率 U，将 U 对 X 作图，就是干燥速率曲线，如图 2 所示。

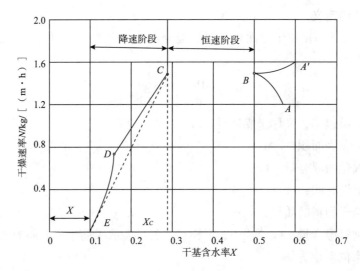

图 2　恒定干燥条件下的干燥速率曲线

3. 干燥过程分析

预热段　见图 1、图 2 中的 AB 段或 A'B 段。物料在预热段中，含水率略有下降，温度则升至湿球温度 t_W，干燥速率可能呈上升趋势变化，也可能呈下降趋势变化。预热段经历的时间很短，通常在干燥计算中忽略不计，有些干燥过程甚至没有预热段。本实验中也没有预热段。

恒速干燥阶段　见图 1、图 2 中的 BC 段。该段物料水分不断汽化，含水率不断下降。但由于这一阶段去除的是物料表面附着的非结合水分，水分去除的机理与纯水的相同，故在恒定干燥条件下，物料表面始终保持为湿球温度 t_W，传质推动力保持不变，因而干燥速率也不变。于是在图 2 中，BC 段为水平线。

只要物料表面保持足够湿润，物料的干燥过程中总有恒速阶段。而该段的干燥速率大小取决于物料表面水分的汽化速率，亦即决定于物料外部的空气干燥条件，故该阶段又称为表面汽化控制阶段。

降速干燥阶段　随着干燥过程的进行，物料内部水分移动到表面的速度赶不上表面水分的汽化速率，物料表面局部出现"干区"，尽管这时物料其余表面的平衡蒸汽压仍与纯水的饱和蒸汽压相同、传质推动力也仍为湿度差，但以物料全部外表面计算的干燥速率因"干区"的出现而降低，此时物料中的含水率称为临界含水率，用 X_c 表示，对应图 2 中的 C 点，称为临界点。过 C 点以后，干燥速率逐渐降低至 D 点，C 至 D 阶段称为降速第一阶段。

干燥到点 D 时，物料全部表面都成为干区，汽化面逐渐向物料内部移动，汽化所需的热量必须通过已被干燥的固体层才能传递到汽化面；从物料中汽化的水分也必须通过这层干燥层才能传递到空气主流中。干燥速率因热质传递的途径加长而下降。此外，在点 D 以后，物料中的非结合水分已被除尽。接下去所汽化的是各种形式的结合水，因而，平衡蒸汽压将逐渐下降，传质推动力减小，干燥速率也随之较快降低，直至到达点 E 时，速率降为零。这一阶段称为降速第二阶段。

降速阶段干燥速率曲线的形状随物料内部的结构而异，不一定都呈现前面所述的曲线 *CDE* 形状。对于某些多孔性物料，可能降速两个阶段的界限不是很明显，曲线好像只有 *CD* 段；对于某些无孔性吸水物料，汽化只在表面进行，干燥速率取决于固体内部水分的扩散速率，故降速阶段只有类似 *DE* 段的曲线。

与恒速阶段相比，降速阶段从物料中除去的水分量相对少许多，但所需的干燥时间却长得多。总之，降速阶段的干燥速率取决于物料本身结构、形状和尺寸，而与干燥介质状况关系不大，故降速阶段又称物料内部迁移控制阶段。

【实验装置】

1. 装置流程

本装置流程如图 3 所示。空气由鼓风机送入电加热器，经加热后流入干燥室，加热干燥室中的湿物料后，经排出管道通入大气中。随着干燥过程的进行，物料失去的水分量由称重传感器转化为电信号，并显示在智能数显仪表上，固定间隔时间读取的湿物料重量。

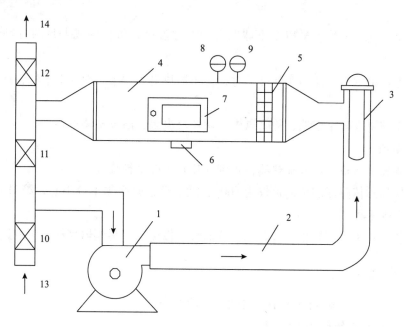

图 3　干燥装置流程图

1—离心风机；2—管道；3—加热器；4—厢式干燥器；

5—气流均布器；6—称重传感器；7—玻璃视镜门；8—湿球温度计；

9—干球温度计；10，11，12—蝶阀；13—进风口；14—出风口

2. 主要设备及仪器

（1）鼓风机：BYF7122，370W；

（2）电加热器：额定功率 4.5kW；

（3）干燥室：180mm × 180mm × 1250mm；

（4）干燥物料：湿毛毡；

（5）称重传感器：CZ1000 型，0 ~ 500g，精度 0.1g。

【实验步骤与注意事项】

1. 实验步骤

（1）实验前应记录绝干物料的重量。

（2）开启总电源，开启风机电源。

（3）打开仪表电源开关，加热器通电加热，旋转加热按钮至适当加热电压（根据实验室温和实验讲解时间长短）。在 U 型湿漏斗中加入一定水量，并用润湿的棉花包住湿球温度计，干燥室温度（干球温度）要求达到恒定温度（例如 70℃）。

（4）将毛毡加入一定量的水并使其润湿均匀，注意水量不能过多或过少。

（5）当干燥室温度恒定在 70℃ 时，将湿毛毡十分小心地放置于称重传感器上。放置毛毡时应特别注意不能用力下压，因称重传感器的测量上限仅为 500g，用力过大容易损坏称重传感器。

（6）记录时间、毛毡重量以及干球温度和湿球温度，每分钟或者每两分钟记录一次数据。

（7）待毛毡恒重时，即为实验终了时，关闭加热电源，小心地取下毛毡，注意保护称重传感器。

（8）待干球温度降至室温，关闭风机，切断总电源，清理实验设备。

2. 注意事项

（1）必须先开风机，后开加热器，否则加热管可能会被烧坏。

（2）特别注意传感器的负荷量仅为 500g，放取毛毡时必须十分小心，绝对不能下压，以免损坏称重传感器。

（3）实验过程中，不要拍打、碰扣装置面板，以免引起传感器晃动，影响结果。

【实验报告】

1. 绘制干燥曲线（瞬间含水率 ~ 时间关系曲线）；

2. 根据干燥曲线作干燥速率曲线；

3. 读取物料的临界湿含量；

4. 对实验结果进行分析讨论。

【思考题】

1. 什么是恒定干燥条件？本实验装置中采用了哪些措施来保持干燥过程在恒定干燥条件下进行？

2. 控制恒速干燥阶段速率的因素是什么？控制降速干燥阶段干燥速率的因素又是什么？

3. 为什么要先启动风机，再启动加热器？实验过程中干、湿球温度计是否变化？为什么？如何判断实验已经结束？

4. 若加大热空气流量，干燥速率曲线有何变化？恒速干燥速率、临界湿含量又如何变化？为什么？

第四章　化学反应工程实验

实验一　连续流动反应器中的返混测定

【实验目的】

1. 掌握停留时间分布的测定方法。
2. 了解停留时间分布与多釜串联模型的关系。
3. 了解模型参数 n 的物理意义及计算方法。

【实验原理】

在连续流动的釜式反应器内，不同停留时间的物料之间的混和称为返混。返混程度的大小，一般很难直接测定，通常是利用物料停留时间分布的测定来研究。然而测定不同状态的反应器内停留时间分布时，可以发现，相同的停留时间分布可以有不同的返混情况，即返混与停留时间分布不存在一一对应的关系，因此不能用停留时间分布的实验测定数据直接表示返混程度，而要借助于反应器数学模型来间接表达。

物料在反应器内的停留时间完全是一个随机过程，须用概率分布方法来定量描述。所用的概率分布函数为停留时间分布密度函数 $f(t)$ 和停留时间分布函数 $F(t)$。停留时间分布密度函数 $f(t)$ 的物理意义是：同时进入的 N 个流体粒子中，停留时间介于 t 到 $t+dt$ 间的流体粒子所占的分率 dN/N 为 $f(t)dt$。停留时间分布函数 $F(t)$ 的物理意义是：流过系统的物料中停留时间小于 t 的物料的分率。

停留时间分布的测定方法有脉冲法、阶跃法等，常用的是脉冲法。当系统达到稳定后，在系统的入口处瞬间注入一定量 Q 的示踪物料，同时开始在出口流体中检测示踪物料的浓度变化。

由停留时间分布密度函数的物理含义及物料衡算，可知

$$f(t)dt = VC(t)dt/Q \tag{1}$$

示踪剂加入量符合

$$Q = \int_0^\infty VC(t)dt \tag{2}$$

所以

$$f(t) = \frac{VC(t)}{\int_0^\infty VC(t)dt} = \frac{C(t)}{\int_0^\infty C(t)dt} \tag{3}$$

由此可见 $f(t)$ 与示踪剂浓度 $C(t)$ 成正比。因此，本实验中用水作为连续流动的物料，以饱和 KCl 作示踪剂，在反应器出口处检测溶液电导值。在一定范围内，KCl 浓度与电导值 L 成正比，则可用电导值来表达物料的停留时间变化关系，即 $f(t) \propto L(t)$，这里 $L(t) = L_t - L_\infty$，L_t 为 t 时刻的电导值，L_∞ 为无示踪剂时电导值。

停留时间分布密度函数 $f(t)$ 在概率论中有二个特征值，即平均停留时间（数学期望）$\bar{t}$ 和方差 σ_t^2。$\bar{t}$ 的表达式为：

$$\bar{t} = \int_0^\infty t f(t)\,\mathrm{d}t = \frac{\int_0^\infty t C(t)\,\mathrm{d}t}{\int_0^\infty C(t)\,\mathrm{d}t} \tag{4}$$

采用离散形式表达，并取相同时间间隔 Δt，则：

$$\bar{t} = \frac{\sum t C(t)\Delta t}{\sum C(t)\Delta t} = \frac{\sum t \cdot L(t)}{\sum L(t)} \tag{5}$$

σ_t^2 的表达式为：

$$\sigma_t^2 = \int_0^\infty (t - \bar{t})^2 f(t)\,\mathrm{d}t = \int_0^\infty t^2 f(t)\,\mathrm{d}t - \bar{t}^2 \tag{6}$$

也用离散形式表达，并取相同时间间隔 Δt，则：

$$\sigma_t^2 = \frac{\sum t^2 C(t)}{\sum C(t)} - (\bar{t})^2 = \frac{\sum t^2 L(t)}{\sum L(t)} - \bar{t}^2 \tag{7}$$

若用无因次对比时间 θ 来表示，即 $\theta = t/\bar{t}$，无因次方差 $\sigma_\theta^2 = \sigma_t^2/\bar{t}^2$。

在测定了一个系统的停留时间分布后，如何来评介其返混程度，则需要用反应器模型来描述，这里采用的是多釜串联模型。

所谓多釜串联模型是将一个实际反应器中的返混情况作为与若干个全混釜串联时的返混程度等效。这里的若干个全混釜个数 n 是虚拟值，并不代表反应器个数，n 称为模型参数。多釜串联模型假定每个反应器为全混釜，反应器之间无返混，每个全混釜体积相同，则可以推导得到多釜串联反应器的停留时间分布函数关系，并得到无因次方差 σ_θ^2 与模型参数 n 存在关系为

$$n = \frac{1}{\sigma_\theta^2} \tag{8}$$

当 $n = 1$，$\sigma_\theta^2 = 1$，为全混釜特征；

当 $n \to \infty$，$\sigma_\theta^2 \to 0$，为平推流特征；

这里 n 是模型参数，是个虚拟釜数，并不限于整数。

【预习与思考】

（1）为什么说返混与停留时间分布不是一一对应的？为什么可以通过测定停留时间分布来研究返混呢？

（2）测定停留时间分布的方法有哪些？本实验采用哪种方法？

（3）何谓返混？返混的起因是什么？限制返混的措施有哪些？

（4）何谓示踪剂？有何要求？本实验用什么作示踪剂？

（5）模型参数与实验中反应釜的个数有何不同？为什么？

【实验装置与流程】

实验装置如图 1 所示，由单釜与三釜串联两个系统组成。三釜串联反应器中每个釜的体积为 1L，单釜反应器体积为 3L，用可控硅直流调速装置调速。实验时，水分别从两个转子流量计流入两个系统，稳定后在两个系统的入口处分别快速注入示踪剂，由每个反应釜出口处电导电极检测示踪剂浓度变化，并由记录仪自动录下来。

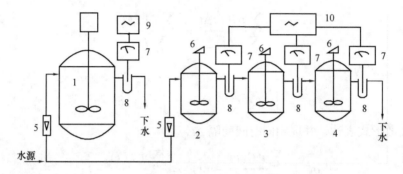

图 1 连续流动反应器返混实验装置图

1—全混釜（3L）；2，3，4—全混釜（1L）；5—转子流量计；6—电机；

7—电导率仪；8—电导电极；9—记录仪；10—四笔记录仪或微机

【实验步骤及方法】

（1）通水，开启水开关，让水注满反应釜，调节进水流量为 20L/h，保持流量稳定。

（2）通电，开启电源开关。

①开记录仪，记下走纸速度；

②开电导仪并调整好，以备测量；

③开动搅拌装置，转速应大于 300r/min。

（3）待系统稳定后，用注射器迅速注入示踪剂，在记录纸上作起始标记。

（4）当记录仪上显示的浓度在 2min 内觉察不到变化时，即认为终点已到。

（5）关闭仪器，电源，水源，排清釜中料液，实验结束。

【实验数据处理】

根据实验结果，我们可以得到单釜与三釜的停留时间分布曲线，这里的物理量电导值 L 对应了示踪剂浓度的变化；走纸的长度方向对应了测定的时间，可以由记录仪走纸速度换算出来。然后用离散化方法，在曲线上相同时间间隔取点，一般可取 20 个数据点左右，再由公式（5），公式（7）分别计算出各自的 $\bar{t}$ 和 σ_t^2 及无因次方差 $\sigma_\theta^2 = \sigma_t^2 / \bar{t}^2$。通过多釜串联模型，利用公式（8）求出相应的模型参数 n，随后根据 n 的数值大小，就可确定单釜和三釜系统的两种返混程度大小。

若采用微机数据采集与分析处理系统，则可直接由电导率仪输出信号至计算机，由计算机负责数据采集与分析，在显示器上画出停留时间分布动态曲线图，并在实验结束后自动计算平均停留时间、方差和模型参数。停留时间分布曲线图与相应数据均可方便地保存或打印输出，减少了手工计算的工作量。

【结果与讨论】

（1）计算出单釜与三釜系统的平均停留时间 $\bar{t}$，并与理论值比较，分析偏差原因；

（2）计算模型参数 n，讨论两种系统的返混程度大小；

（3）讨论一下如何限制返混或加大返混程度。

主要符号说明

$C(t)$——t 时刻反应器内示踪剂浓度；

$f(t)$——停留时间分布密度函数；

$F(t)$——停留时间分布函数；

$L_t, L_\infty, L(t)$——液体的电导值；

n——模型参数；

t——时间；

V——液体体积流量；

$\bar{t}$——数学期望，或平均停留时间；

$\sigma_t^2, \sigma_\theta^2$——方差；

θ——无因次时间。

实验二　连续均相管式循环反应器中的返混实验

【实验目的】

1. 了解连续均相管式循环反应器的返混特性；

2. 观察分析连续均相管式循环反应器的流动特征；

3. 研究不同循环比下的返混程度，计算模型参数 n。

【实验原理】

在工业生产上，对某些反应为了控制反应物的合适浓度，以便控制温度、转化率和收率，同时需要使物料在反应器内有足够的停留时间，并具有一定的线速度，而将反应物的一部分物料返回到反应器进口，使其与新鲜的物料混合再进入反应器进行反应。在连续流动的反应器内，不同停留时间的物料之间的混和称为返混。对于这种反应器循环与返混之间的关系，需要通过实验来测定。

在连续均相管式循环反应器中，若循环流量等于零，则反应器的返混程度与平推流反应器相近，由于管内流体的速度分布和扩散，会造成较小的返混。若有循环操作，则反应器出口的流体被强制返回反应器入口，也就是返混。返混程度的大小与循环流量有关，通常定义循环比 R 为

$$R=\frac{\text{循环物料的体积流量}}{\text{离开反应器物料的体积流量}}$$

循环比 R 是连续均相管式循环反应器的重要特征，可自零变至无穷大。

当 $R=0$ 时，相当于平推流管式反应器。

当 $R=\infty$ 时，相当于全混流反应器。

因此，对于连续均相管式循环反应器，可以通过调节循环比 R，得到不同返混程度的反应系统。一般情况下，循环比大于 20 时，系统的返混特性已经非常接近全混流反应器。

返混程度的大小，一般很难直接测定，通常是利用物料停留时间分布的测定来研究。然而测定不同状态的反应器内停留时间分布时，可以发现，相同的停留时间分布可以有不同的返混情况，即返混与停留时间分布不存在一一对应的关系，因此不能用停留时间分布的实验测定数据直接表示返混程度，而要借助于反应器数学模型来间接表达。

停留时间分布的测定方法有脉冲法，阶跃法等，常用的是脉冲法。当系统达到稳定后，在系统的入口处瞬间注入一定量 Q 的示踪物料，同时开始在出口流体中检测示踪物料的浓度变化。

由停留时间分布密度函数的物理含义，可知

$$f(t)\,\mathrm{d}t = V\cdot C(t)\,\mathrm{d}t/Q \tag{1}$$

$$Q = \int_0^{\infty} VC(t)\,\mathrm{d}t \tag{2}$$

所以

$$f(t) = \frac{VC}{\int_0^{\infty} VC(t)\,\mathrm{d}t} = \frac{C(t)}{\int_0^{\infty} C(t)\,\mathrm{d}t} \tag{3}$$

由此可见 $f(t)$ 与示踪剂浓度 $C(t)$ 成正比。因此，本实验中用水作为连续流动的物料，以饱和 KCl 作示踪剂，在反应器出口处检测溶液电导值。在一定范围内，KCl 浓度与电导值成正比，则可用电导值来表达物料的停留时间变化关系，即 $f(t)\propto L(t)$，这里 $L(t)=L_t-L_\infty$，L_t 为 t 时刻的电导值，L_∞ 为无示踪剂时电导值。

由实验测定的停留时间分布密度函数 $f(t)$，有两个重要的特征值，即平均停留时间 $\bar{t}$ 和方差 σ_t^2，可由实验数据计算得到。若用离散形式表达，并取相同时间间隔 Δt 则：

$$\bar{t} = \frac{\sum tC(t)\Delta t}{\sum C(t)\Delta t} = \frac{\sum t\cdot L(t)}{\sum L(t)} \tag{4}$$

$$\sigma_t^2 = \frac{\sum t^2 C(t)}{\sum C(t)} - (\bar{t})^2 = \frac{\sum t^2 L(t)}{\sum L(t)} - \bar{t}^2 \qquad (5)$$

若用无因次对比时间 θ 来表示，即

$$\theta = t/\bar{t} \qquad (6)$$

无因次方差

$$\sigma_\theta^2 = \sigma_2^2/\bar{t}^2 \qquad (7)$$

在测定了一个系统的停留时间分布后，如何来评价其返混程度，则需要用反应器模型来描述，这里我们采用的是多釜串联模型。

所谓多釜串联模型是将一个实际反应器中的返混情况作为与若干个全混釜串联时的返混程度等效。这里的若干个全混釜个数 n 是虚拟值，并不代表反应器个数，n 称为模型参数。多釜串联模型假定每个反应器为全混釜，反应器之间无返混，每个全混釜体积相同，则可以推导得到多釜串联反应器的停留时间分布函数关系，并得到无因次方差 σ_θ^2 与模型参数 n 存在关系为：

$$n = \frac{1}{\sigma_\theta^2} \qquad (8)$$

【设备及操作要点】

实验装置由管式反应器和循环系统组成，如图1所示。循环泵开关在仪表屏上控制，流量由循环管阀门控制，流量直接显示在仪表屏上，单位是：L/h。实验时，进水从转子流量计调节流入系统，稳定后在系统的入口处（反应管下部进样口）快速注入示踪剂（0.5～1mL），由系统出口处电导电极检测示踪剂浓度变化，并显示在电导仪上，并可由记录仪记录。

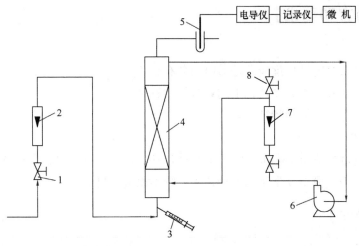

图1　连续均相管式循环反应器中的返混实验流程示意图

1—进水阀；2—进水流量计；3—注射器；4—填料塔；5—电极；

6—循环泵；7—循环流量计；8—放气阀

电导仪输出的毫伏信号经电缆进入 A/D 卡，A/D 卡将模拟信号转换成数字信号，由计算机集中采集、显示并记录，实验结束后，计算机可将实验数据及计算结果储存或打印出来。

操作要点：

（1）实验循环比做两个，$R = 0$，3 或 5；注入示踪剂要小于 1mL；

（2）调节流量稳定后方可注入示踪剂，整个操作过程中注意控制流量；

（3）为便于观察，示踪剂中加入了颜料。抽取时勿吸入底层晶体，以免堵塞；

（4）示踪剂要求一次迅速注入；若遇针头堵塞，不可强行推入，应拔出后重新操作；

（5）一旦失误，应等示踪剂出峰全部走平后，再重做。

【实验准备工作】

1. 药品

饱和氯化钾溶液

2. 实验器具

500mL 烧杯两只

5mL 针筒两支，备用两支

7# 针头两个，备用两个

3. 实验准备工作

熟悉流量计、循环泵的操作；

熟悉进样操作，可抽清水模拟操作；

熟悉"管式循环反应器"数据采集系统的操作，开始→结束→保存→打印；

熟悉打印机操作，开启→装一页 A4 纸→进纸键→联机键→打印。

【实验内容和要求】

1. 实验内容

用脉冲示踪法测定循环反应器停留时间分布；

改变循环比，确定不同循环比下的系统返混程度；

观察循环反应器的流动特征。

2. 实验要求

控制系统的进口流量 15L/h，采用不同循环比，$R = 0$，3 或 5，通过测定停留时间的方法，借助多釜串联模型度量不同循环比下系统的返混程度。

【实验操作】

1. 开车步骤

（1）通水，开启水源，让水注满反应管，并从塔顶稳定流出，调节进水流量为 15L/h，保持流量稳定。

（2）通电，开启电源开关。

①开电脑、打印机，打开"管式循环反应器数据采集"软件，准备开始；

②开电导仪并调整好，以备测量；

③循环时，开泵（面板上仪表右第二个键"▲"），用循环阀门调节流量。

④不循环时，关泵（面板上中间的向下箭头"▼"），关紧循环阀门。

2. 进样操作

（1）待系统稳定后，用注射器迅速注入示踪剂（建议 0.5～1mL，实际进样量可调节），同时点击软件上"开始"图标。

（2）当电脑记录显示的曲线在 2min 内觉察不到变化时，即认为终点已到（出峰时间约 10～20min）。

（3）点击"结束"，以组号作为文件名保存文件，打印实验数据。

（4）改变条件重复（1）～（3）步骤。

3. 结束步骤

（1）关闭电脑、打印机；

（2）关闭仪器，电源，水源，实验结束。

【实验报告】

1. 实验数据处理与报告

①选择一组实验数据，用离散方法计算平均停留时间、方差，从而计算无因次方差和模型参数，要求写清计算步骤。

②与计算机计算结果比较，分析偏差原因。

③列出数据处理结果表。

④讨论实验结果。

2. 实验讨论题

①何谓循环比？循环反应器的特征时什么？

②计算出不同条件下系统的平均停留时间，分析偏差原因；

③计算模型参数 n，讨论不同条件下系统的返混程度大小；

④讨论如何限制返混或加大返混程度。

实验三　固体小球对流传热系数的测定

【实验目的】

1. 测定不同环境与小钢球之间的对流传热系数，并对所得结果进行比较。

2. 了解非定常态导热的特点以及毕奥准数（Bi）的物理意义。

3. 熟悉流化床和固定床的操作特点。

【实验原理】

自然界和工程上，热量传递的机理有传导、对流和辐射。传热时可能有几种机理同时存在，也可能以某种机理为主，不同的机理对应不同的传热方式或规律。

当物体中有温差存在时，热量将由高温处向低温处传递，物质的导热性主要是分子传递现象的表现。

通过对导热的研究，傅里叶提出：

$$q_y = \frac{Q_y}{A} = -\lambda \frac{\mathrm{d}T}{\mathrm{d}y} \tag{1}$$

式中 $\frac{\mathrm{d}T}{\mathrm{d}y}$——$y$ 方向上的温度梯度，K/m；

上式称为傅里叶定律，表明导热通量与温度梯度成正比。负号表明，导热方向与温度梯度的方向相反。

金属的导热系数比非金属大得多，大致在 $50 \sim 415\mathrm{W}/（\mathrm{m}\cdot\mathrm{K}）$ 范围。纯金属的导热系数随温度升高而减小，合金却相反，但纯金属的导热系数通常高于由其所组成的合金。本实验中，小球材料的选取对实验结果有重要影响。

热对流是流体相对于固体表面作宏观运动时，引起的微团尺度上的热量传递过程。事实上，它必然伴随有流体微团间以及与固体壁面间的接触导热，因而是微观分子热传导和宏观微团热对流两者的综合过程。具有宏观尺度上的运动是热对流的实质。流动状态（层流和湍流）的不同，传热机理也就不同。

牛顿提出对流传热规律的基本定律——牛顿冷却定律：

$$Q = qA = \alpha A(T_w - T_f) \tag{2}$$

α 并非物性常数，其取决于系统的物性因素，几何因素和流动因素，通常由实验来测定。本实验测定的是小球在不同环境和流动状态下的对流传热系数。

强制对流较自然对流传热效果好，湍流较层流的对流传热系数要大。

热辐射是当温度不同的物体，以电磁波形式，各辐射出具有一定波长的光子，被相互吸收后所发生的换热过程。热辐射和热传导，热对流的换热规律有着显著的差别，传导与对流传热速率都正比于温度差，而与冷热物体本身的温度高低无关。热辐射则不然，即使温差相同，还与两物体绝对温度的高低有关。本实验尽量避免热辐射传热对实验结果带来误差。

物体的突然加热和冷却过程属非定常导热过程。此时导热物体内的温度，既是空间位置又是时间的函数，$T = f(x,y,z,t)$。物体在导热介质的加热或冷却过程中，导热速率同时取决于物体内部的导热热阻以及与环境间的外部对流热阻。为了简化，不少问题可以忽略两者之一进行处理。然而能否简化，需要确定一个判据。通常定义无因次准数毕奥数（Bi），即物体内部导热热阻与物体外部对流热阻之比进行判断。

$$Bi = \frac{\text{内部导热热阻}}{\text{外部对流热阻}} = \frac{\delta/\lambda}{1/\alpha} = \frac{\alpha V}{\lambda A} \tag{3}$$

式中 $\delta = \dfrac{V}{A}$——特征尺寸，对于球体为 $R/3$。

若 Bi 数很小，$\dfrac{\delta}{\lambda} \ll \dfrac{1}{\alpha}$，表明内部导热热阻≪外部对流热阻，此时，可忽略内部导热热阻，可简化为整个物体的温度均匀一致，使温度仅为时间的函数，即 $T = f(t)$。这种将系统简化为具有均一性质进行处理的方法，称为集总参数法。实验表明，只要 $Bi < 0.1$，忽略内部热阻进行计算，其误差不大于 5%，通常为工程计算所允许。

将一直径为 d_s 温度为 T_0 的小钢球，置于温度为恒定 T_f 的周围环境中，若 $T_0 > T_f$，小球的瞬时温度 T，随着时间 t 的增加而减小。根据热平衡原理，球体热量随时间的变化应等于通过对流换热向周围环境的散热速率。

$$-\rho CV \frac{dT}{dt} = \alpha A (T - T_f) \tag{4}$$

$$\frac{d(T - T_f)}{(T - T_f)} = -\frac{\alpha A}{\rho CV} dt \tag{5}$$

初始条件：$t = 0, T - T_f = T_0 - T_f$

积分式（5）得：

$$\int_{T_0 - T_f}^{T - T_f} \frac{d(T - T_f)}{T - T_f} = -\frac{\alpha A}{\rho CV} \int_0^t dt$$

$$\frac{T - T_f}{T_0 - T_f} = \exp\left(-\frac{\alpha A}{\rho CV} \cdot t\right) = \exp(-Bi \cdot Fo) \tag{6}$$

$$Fo = \frac{at}{(V/A)^2} \tag{7}$$

定义时间常数 $\tau = \dfrac{\rho CV}{\alpha A}$，分析式（6）可知，当物体与环境间的热交换经历了四倍于时间常数的时间后，即：$t = 4\tau$，可得：

$$\frac{T - T_f}{T_0 - T_f} = e^{-4} = 0.018$$

表明过余温度 $T - T_f$ 的变化已达 98.2%，以后的变化仅剩 1.8%，对工程计算来说，往后可近似作定常数处理。

对小球 $\dfrac{V}{A} = \dfrac{R}{3} = \dfrac{d_s}{6}$ 代入式（6）整理得：

$$\alpha = \frac{\rho C d_s}{6} \cdot \frac{1}{t} \ln \frac{T_0 - T_f}{T - T_f} \tag{8}$$

或

$$Nu = \frac{\alpha d_s}{\lambda} = \frac{\rho C d_s^2}{6\lambda} \cdot \frac{1}{t} \ln \frac{T_0 - T_f}{T - T_f} \tag{9}$$

通过实验可测得钢球在不同环境和流动状态下的冷却曲线，由温度记录仪记下 $T \sim t$

的关系，就可由式（8）和式（9）求出相应的 α 和 Nu 的值。

对于气体在 $20 < Re < 180000$ 范围，即高 Re 数下，绕球换热的经验式为：

$$Nu = \frac{\alpha d_{\text{S}}}{\lambda} = 0.37Re^{0.6}Pr^{\frac{1}{3}} \tag{10}$$

若在静止流体中换热：$Nu = 2$。

【预习与思考】

1. 明确实验目的。

2. 影响热量传递的因素有哪些？

3. Bi 数的物理含义是什么？

4. 本实验对小球体的选择有哪些要求，为什么？

5. 本实验加热炉的温度为何要控制在 $400 \sim 500$℃，太高太低有何影响？

6. 自然对流条件下实验要注意哪些问题？

7. 每次实验的时间需要多长，应如何判断实验结束？

8. 实验需查找哪些数据，需测定哪些数据？

9. 设计原始实验数据记录表。

10. 实验数据如何处理?

【实验装置与流程】

实验装置和流程如图 1 所示。

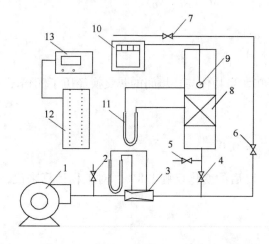

图 1　测定固体小球对流传热系数的实验装置

1—风机；2—放空阀；3—文丘里流量计；4, 5, 6, 7—管路调节阀；8—沙粒床层反应器；9—带嵌装热电偶的钢球；10—温度记录仪；11—反应器压差计；12—管式加热炉；13—电加热炉控制器

【实验步骤及方法】

1. 测定小钢球的直径 d_{S}。

2. 打开管式加热炉的加热电源，调节加热温度至 $400 \sim 500$℃。

3. 将嵌有热电偶的小钢球悬挂在加热炉中，并打开温度记录仪，从温度记录仪上观察钢球温度的变化。当温度升至 400℃时，迅速取出钢球，放在不同的环境条件下进行实验，钢球的温度随时间变化的关系由温度记录仪记录，称冷却曲线。

4. 装置运行的环境条件有：自然对流，强制对流，固定床和流化床。流动状态有：层流和湍流。

5. 自然对流实验：将加热好的钢球

迅速取出，置于大气中，尽量减少钢球附近的大气扰动，记录下冷却曲线。

6. 强制对流实验：打开实验装置上的②、⑤阀，关闭④、⑥、⑦阀，开启风机，调节阀⑥和阀②，调节空气流量达到实验所需值。迅速取出加热好的钢球，置于反应器中的空塔身中，记录下空气的流量和冷却曲线。

7. 固定床实验：将加热好的钢球置于反应器中的砂粒层中，进行固定床实验，其他操作同6，记录下空气的流量、反应器的压降和采集冷却曲线。

8. 流化床实验：打开②、⑦阀，关闭④、⑤、⑥阀，开启风机，调节阀④和阀②，调节空气流量达到实验所需值。将加热好的钢球迅速置于反应器中的流化层中，进行流化床实验，记录下空气的流量、反应器的压降和采集冷却曲线。

【实验数据处理】

1. 计算不同环境和流动状态下的对流传热系数 α。
2. 计算实验用小球的 Bi 准数，确定其值是否小于0.1。
3. 将实验值与理论值进行比较。

【结果与讨论】

1. 基本原理的应用是否正确？
2. 对比不同环境条件下的对流传热系数。
3. 分析实验结果同理论值偏差的原因。
4. 对实验方法与实验结果讨论。

【主要符号说明】

A ——面积，m^2；

Bi ——毕奥数，无因次；

C ——比热容，$J/(kg \cdot K)$；

d_s ——小球直径，m；

Fo ——傅里叶数，无因次；

Nu ——努塞尔数，无因次；

Pr ——普朗特数，无因次；

q_y —— y 方向上单位时间单位面积的导热量，$J/(m^2 \cdot s)$；

Q_y —— y 方向上的导热速率，J/s；

R ——半径，m；

Re ——雷诺数，无因次；

T ——温度，K 或℃；

T_0 ——初始温度，K 或℃；

T_f ——流体温度，K 或℃；

T_W——壁温，K 或℃；

t——时间，s；

V——体积，m^3；

α——对流传热系数，$W/(m^2 \cdot K)$；

λ——导热系数，$W/(m \cdot K)$；

δ——特征尺寸，m；

ρ——密度，kg/m^3；

τ——时间常数，s；

μ——黏度，$Pa \cdot s$。

第五章 分离工程实验

实验一 填料塔吸收、解析传质系数的测定

【实验目的】

1. 了解填料吸收实验装置的基本结构及工艺流程，测定其传质系数。
2. 考察气体空塔速度和液体喷淋密度对总体积传质系数的影响。
3. 了解风机、水泵等的使用，掌握原料和尾气配合在线二氧化碳分析仪的取样方法。

【基本原理】

气体吸收是典型的传质过程之一。由于 CO_2 气体无味、无毒、廉价，所以气体吸收实验常选择 CO_2 作为溶质组分。本实验采用水吸收空气中的 CO_2 组分。一般 CO_2 在水中的溶解度很小，即使预先将一定量的 CO_2 气体通入空气中混合以提高空气中的 CO_2 浓度，水中的 CO_2 含量仍然很低，所以吸收的计算方法可按低浓度来处理，并且此体系 CO_2 气体的解吸过程属于液膜控制。因此，本实验主要测定 K_{xa} 和 H_{OL}。

1. 计算公式

填料层高度 Z 为

$$Z = \int_0^Z \mathrm{d}Z = \frac{1}{K_{xa}} \int_{x_2}^{x_1} \frac{\mathrm{d}x}{x - x^*} = H_{OL} \cdot N_{OL}$$

式中　L——液体通过塔截面的摩尔流量，$kmol/(m^2 \cdot s)$；

　　K_{xa}——以 ΔX 为推动力的液相总体积传质系数，$kmol/(m^3 \cdot s)$；

　　H_{OL}——液相总传质单元高度，m；

　　N_{OL}——液相总传质单元数，无因次。

令：吸收因数 $A = L/mG$

$$N_{OL} = \frac{1}{1 - A} \ln \left[(1 - A) \frac{y_1 - mx_2}{y_1 - mx_1} + A \right]$$

2. 测定方法

（1）空气流量和水流量的测定。本实验采用转子流量计测得空气和水的体积流量，并根据实验条件（温度和压力）和有关公式换算成空气和水的摩尔流量；

（2）测定填料层高度 Z 和塔径 D；

（3）测定塔顶和塔底气相组成 y_1 和 y_2；

（4）平衡关系。本实验的平衡关系可写成

$$y = mx$$

式中　m——相平衡常数，$m = E/p$；

　　　E——亨利系数，$E = f(t)$，Pa，根据液相温度由附录查得；

　　　p——总压，Pa，取 1atm。

对清水而言，$x_2 = 0$，由全塔物料衡算

$$G(y_1 - y_2) = L(x_1 - x_2)$$

可得 x_1。

【实验装置】

1. 装置流程

实验装置见图 1。

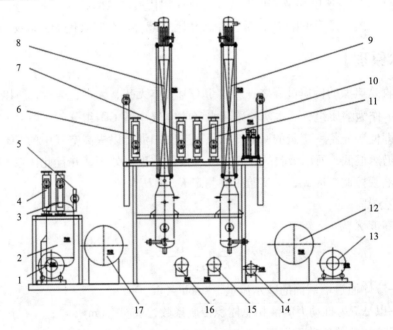

图 1　填料塔吸收装置

1—送风机；2—混合罐；3—空气小流量计 FI107；4—空气大流量计 FI101；
5—CO_2 流量计 FI102；6—进塔 T101 气体流量计 FI106；7—进塔 T102 液体流量计
FI105；8—吸收塔 T101；9—解吸塔 T102；10—进塔 T102 气体流量计 FI104；11—进塔
T101 液体流量计 FI103；12—贫液罐 V103；13—抽风机 C102；14—抽液泵 P103；
15—贫液泵 P102；16—富液泵 P101；17—富液罐 V102；

（1）吸收：二氧化碳钢瓶内二氧化碳经减压后，与风机出口空气按一定比例混合（通常控制混合气体中 CO_2 含量在 3% ~ 8%），经气体混合罐稳定压力及气体成分混合均匀后，进入吸收塔下部，混合气体在塔内和吸收液体逆向接触，气体中的二氧化碳被水吸收后，由塔顶排出。

（2）解吸：新鲜空气进入塔底，与 CO_2 水溶液在塔内进行逆流接触。水中二氧化碳被解吸出来，解吸后气体经抽风机由塔顶排出放空，解吸后的液体由解吸塔下部排出。

2. 主要设备

（1）设备一览表见表1。

表1 设备一览表

名　　称	规格型号	数量	备注
混合罐	$\phi300 \times 680mm$	1	立式
富液罐	$\phi428 \times 800mm$	1	卧式
贫液罐	$\phi428 \times 800mm$	1	卧式

（2）塔体及其附件一览表见表2。

表2 塔体及其附件一览表

吸收塔	主体塔节有机玻璃 $\phi120 \times 10 \sim 1400mm$；上出口段，不锈钢 $\phi108 \times 300mm$；下入口段，不锈钢 $\phi170 \times 540mm$	1	不锈钢 $\phi100$ 丝网规整填料高度 1400mm
解吸塔	主体塔节有机玻璃 $\phi120 \times 10 \sim 1400mm$；上出口段，不锈钢 $\phi108 \times 300mm$；下入口段，不锈钢 $\phi170 \times 540\ mm$	1	不锈钢 $\phi100$ 丝网规整填料高度 1400mm

（3）动力设备见表3。

表3 动力设备

富液泵 P101	不锈钢离心泵 扬程：20.0m 流量：1.2m³/h 供电：三相380VAC，0.75kW 泵壳材质：不锈钢	1	MS60/0.75 380V（三相）
贫液泵 P102	不锈钢离心泵 扬程：20.0m 流量：1.2m³/h 供电：三相380VAC，0.75kW 泵壳材质：不锈钢	1	MS60/0.75 380V（三相）
抽液泵 P103	家用增压泵 扬程：18.0m 流量：38L/min 供电：三相220VAC，0.12kW	1	18WG－18
送风机 C101	旋涡气泵 功率：0.25kW，最大流量：35m³/h 工作电压：380VAC	1	HG－250－C 380V（三相）
抽风机 C102	旋涡气泵 功率：0.25kW，最大流量：35m³/h 工作电压：380VAC	1	HG－250－C 380V（三相）

【实验步骤与注意事项】

1. 实验前操作准备

①由相关操作人员组成装置检查小组，对本装置所有设备、管道、阀门、仪表、电气、照明、分析、保温等按工艺流程图要求和专业技术要求进行检查。

②检查所有仪表是否处于正常状态。

③检查所有设备是否处于正常状态。

④试电

a）检查外部供电系统，确保控制柜上所有开关均处于关闭状态。

b）开启外部供电系统总电源开关。

c）打开控制柜上空气开关（QF1）。

d）打开仪表电源空气开关（QF2）、仪表电源开关。查看所有仪表是否上电，指示是否正常。

e）将各阀门顺时针旋转操作到关的状态。检查流量计和是否均处于关闭状态。

⑤实验物料准备：

a）加装实验用水

（a）实验前，检查所有阀门是否处于正常状态。

（b）打开富液罐（V102）进水阀 VA18、放空阀 VA19，贫液罐（V103）进水阀 VA34、放空阀 VA33，至水罐内液位达到 150mm，关闭进水阀门 VA18、VA34。

b）二氧化碳钢瓶

二氧化碳钢瓶出口压力	≤4.8MPa
减压阀后压力	≤0.04MPa
二氧化碳减压阀后流量	~200L/h

2. 实验过程操作

①熟悉实验流程及弄清二氧化碳在线测试仪及其配套仪器结构、原理、使用方法及其注意事项；

②打开气体混合罐底部排空阀 VA08，排放掉空气混合贮罐中的冷凝水；

③打开仪表电源开关及空气压缩机电源开关，进行仪表自检；

④实验包括两个不同的操作过程，单塔吸收、串联吸收解析。

（1）单塔吸收实验

①打开贫液罐（V103）进水阀 VA34，当贫液罐液位 LI103 达到 200mm 时，打开贫液罐排液阀 VA35 并开启贫液泵 P102 及泵出口阀 VA24 将水打入吸收塔 T101，进行润湿。进塔液流量 FI103 由贫液罐回流阀 VA25、吸收塔进液阀 VA26 共同调节，关小贫液罐回流阀 VA25 或开大吸收塔进液阀 VA26 使进塔液流量增大；开大贫液罐回流阀 VA25 或关小吸收塔进液阀 VA26 使进塔液流量减少（开启泵 P102 后，始终保持贫液罐回流阀门 VA25 有一定的开度）。

②打开风机出口调节阀 VA03，开启送风机 C101 将空气通入混合罐（V101），调节 CO_2 钢瓶出口阀 VA01、吸收塔进气阀 VA11 和风机出口调节阀 VA03 使吸收塔进气流量（FI106）在 $5 \sim 8m^3/h$，调节吸收塔进液阀 VA26 使吸收塔进液流量（FI103）达到约 $0.6m^3/h$，全开塔顶放空阀 VA29，关闭塔底排液阀 VA13、塔底排污阀 VA12、液封阀 VA15、VA16，充分润湿填料。开启塔釜液封阀 VA15 使塔釜内液体进入富液罐（V102），开启富液罐排污阀 VA21 排污。

③润湿后，将各流量调至实验所需的值：水的流量在 $0.6 \sim 0.8m^3/h$ 为宜。开启 CO_2 钢瓶出口阀 VA01，将 CO_2 通入缓冲罐和空气混合，充分混合需 $5 \sim 10min$，CO_2 流量一般在 $0.1 \sim 0.3m^3/h$ 为宜。调节风机出口调节阀 VA03、风机出口阀 VA04 控制空气流量（FI101）在 $5 \sim 8m^3/h$。吸收塔 T101 的塔顶放空阀 VA29 全开，控制塔内压力（PI103），关闭排污阀 VA12、排液阀 VA13，调节液封阀 VA15 来控制吸收塔 T101 的塔釜液位。

④装置运行 $10 \sim 20min$ 稳定后，进行取样测量。气体由进、出塔取样口连接至二氧化碳在线分析仪进行分析。液体由吸收塔排污阀 VA12、吸收塔液封管排污阀 VA14 处取得。

⑤实验完毕，关闭 CO_2 钢瓶出口阀 VA01 和风机出口调节阀 VA03，再关闭富液罐进水阀 VA18，及风机电源开关，打开吸收塔排污阀 VA12、吸收塔液封管排污阀 VA14、富液罐排污阀 VA21 将装置内的水排尽（实验完成后我们一般先停止水的流量再停止气体的流量，这样做的目的是为了防止液体从进气口倒压破坏管路及仪器），清理实验仪器和实验场地。

（2）吸收解吸串联操作实验

①在单塔吸收操作的基础上，关闭富液罐排污阀 VA21，待富液罐内液位达到 150mm 左右时，打开富液罐排液阀 VA20，开启富液泵 P101 及泵出口阀 VA22，将富液罐中的液体打入解吸塔（T102）进行解吸。调节富液罐回流阀 VA23、解吸塔进液阀 VA46 开度来控制解吸塔 T102 液体流量 FI105（开启富液泵 P101 后，富液罐回流阀 VA23 保持一定的开度）。

②开启解吸塔排气阀 VA47、抽风机排气阀 VA53、解吸塔进塔空气阀 VA32，开启抽风机 C102，空气进入解吸塔。控制解吸塔进气阀 VA45 调节解吸空气流量（FI104）在 $5 \sim 8m^3/h$，控制解吸塔放空阀 VA50 调节塔内负压（PI104），解吸塔放空阀 VA50 开度越小塔内负压越大。打开抽液泵出口阀 VA37、解吸塔排液阀 VA38、贫液进贫液罐阀 VA41，开启泵 P103 将解吸完的液体打入贫液罐内，调节贫液进贫液罐阀 VA41、解吸塔液封阀 VA43 使解吸塔塔釜液位及贫液罐 V103 液位都不变。稳定运行状况下，富液泵 P101、贫液泵 P102、抽液泵 P103 三个泵流量相同时，吸收塔液位 LI101、富液罐液位 LI102、贫液罐液位 LI103、解吸塔液位 LI104 均保持恒定。

③装置运行 $10 \sim 20min$ 稳定后，进行取样测量。气体由进、出塔取样口连接至二氧化碳在线分析仪进行分析。

④实验完毕，关闭 CO_2 钢瓶和转子流量计、水转子流量计、风机出口阀门，再关闭进水阀门，及风机电源开关，（实验完成后我们一般先停止水的流量再停止气体的流量，这

样做的目的是为了防止液体从进气口倒压破坏管路及仪器）清理实验仪器和实验场地。

3. 注意事项

①安全生产，控制好吸收解吸塔液位，水箱液封操作，严防液体进入送风机。

②符合净化气质量指标前提下，分析有关参数变化，对吸收液、解吸液、解吸空气流量进行调整，保证吸收效果。

③注意系统吸收液量，定时往系统补入吸收液。

④要注意吸收塔进气流量及压力稳定，随时调节二氧化碳流量和压力至稳定值。

⑤防止吸收液跑、冒、滴、漏。

⑥注意泵密封与泄漏。注意塔、槽液位和泵出口压力变化，避免产生汽蚀。

⑦经常检查设备运行情况，如发现异常现象应及时处理或通知老师处理。

【实验报告】

1. 将原始数据列表。

2. 在双对数坐标纸上绘图表示二氧化碳吸收、解吸时体积传质系数、传质单元高度与气体流量的关系。

3. 列出实验结果与计算示例。

【思考题】

1. 本实验中，为什么塔底要有液封？液封高度如何计算？

2. 测定K_{xa}有什么工程意义？

3. 为什么二氧化碳吸收过程属于液膜控制？

4. 当气体温度和液体温度不同时，应用什么温度计算亨利系数？

实验二　填料塔解吸传质系数的测定

【实验目的】

1. 了解填料塔解吸装置的基本流程及设备结构；

2. 掌握总体积传质系数的测定方法；

3. 了解液体喷淋密度对总体积传质系数的影响。

【实验原理】

气体解吸是典型的传质过程之一。由于CO_2气体无味、无毒、廉价，所以气体解吸实验常选择CO_2作为溶质组分。本实验采用空气解吸水中的CO_2组分。一般CO_2在水中的溶解度很小，即使预先将一定量的CO_2气体通入水中混合以提高水中的CO_2浓度，水中

的 CO_2 含量仍然很低，所以解吸的计算方法可按低浓度来处理，并且此体系 CO_2 气体的解吸过程属于液膜控制。因此，本实验主要测定 K_{xa} 和 H_{OL}。

1. 计算公式

填料层高度

$$Z = \int_0^Z \mathrm{d}Z = \frac{L}{K_{xa}} \int_{X_1}^{X_2} \frac{\mathrm{d}X}{X - X^*} = H_{OL} \cdot N_{OL} \tag{1}$$

式中　L——液体通过塔截面的摩尔流量，$kmol/(m^2 \cdot s)$；

　　　K_{Xa}——以 ΔX 为推动力的液相总体积传质系数，$kmol/(m^3 \cdot s)$；

　　　X_1——塔底流出液体的摩尔比，无因次；

　　　X_2——液体进入塔顶的摩尔比，无因次；

　$X - X^*$——塔内任一截面处液相的传质推动力，无因次；

　　　H_{OL}——液相总传质单元高度，m；

　　　N_{OL}——液相总传质单元数，无因次。

令，吸收因数　　　　　　　　$A = L/mG$ 　　　　　　　　　　(2)

则　　　　　　　　$N_{OL} = \frac{1}{1-A} \ln\left[(1-A)\frac{Y_1 - mX_2}{Y_1 - mX_1} + A\right]$ 　　　(3)

式中　m——相平衡常数，$m = E/p$；E 为亨利系数，$E = f(t)$，Pa，根据液相温度由附录查得；p 为总压，Pa，取 1atm。

　　　Y_1——气体进入塔底的摩尔比，无因次；

　　　X_1——塔底流出液体的摩尔比，无因次；

　　　X_2——液体进入塔顶的摩尔比，无因次。

2. 测定方法

（1）空气流量和水流量的测定　　本实验采用转子流量计测得空气和水的体积流量，并根据实验条件（温度和压力）和有关公式换算成空气和水的摩尔流量。

（2）测定塔顶和塔底液相组成 x_1 和 x_2，并换算成 X_1 和 X_2。

（3）平衡关系

在本实验条件下，平衡关系可写成：

$$Y = mX \tag{4}$$

式中　m——相平衡常数。

【实验装置与流程】

（1）装置流程　　本实验装置流程如图 1 所示。CO_2 气体在水转子流量计前的文氏管中以连续小气泡鼓入水中，然后水经转子流量计计量，送入填料塔塔顶经喷头喷淋在填料顶层。空气由风机经缓冲器、转子流量计计量后送入塔底，与水在塔内逆流接触。

（2）主要设备

1）解吸塔：高效填料塔，塔径 100mm，塔内装有金属丝网板波纹规整填料或 θ 环散

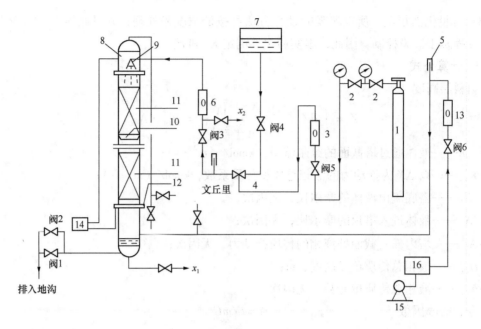

图1　解吸装置流程图

1—二氧化碳钢瓶；2—二氧化碳减压阀；3—二氧化碳流量计；4—气液混合器；5—温度计；
6—水流量计；7—自来水塔；8—塔体；9—液体喷淋头；10—液体再分布器；11—填料；
12—气体取压均压环；13—空气流量计；14—U形压差计；15—风机；16—空气缓冲器

装填料，填料层总高度 2000mm。金属丝网板波纹规整填料塔塔顶有液体初始分布器；环散装填料塔塔顶有液体初始分布器、塔中部有液体再分布器；塔内填料底部有栅板式填料支承装置。填料塔底部有液封装置，以避免气体泄漏。。

2）填料规格和特性：θ 环散装填料：规格 $\phi 10mm \times 10mm$。

（3）转子流量计，如表1所示。

表1　转子流量计说明表

介质	条件			
	最大流量	最小刻度	标定介质	标定条件
空气	4m³/h	0.4m³/h	空气	20℃　1.0133×10^5 Pa
CO_2	160L/h	16L/h	空气	20℃　1.0133×10^5 Pa
水	1000L/h	100L/h	水	20℃　1.0133×10^5 Pa

（4）二氧化碳（CO_2）气敏电极。

（5）低噪涡流风机：XGB-13 型，风量 0~100m³/h，风压 14kPa。

【实验步骤与注意事项】

1. 实验步骤

（1）启动设备前必须先搞清流程，检查各阀门的正确位置。

（2）弄清二氧化碳气敏电极及其配套仪器结构、原理、使用方法及其注意事项。

（3）仪表上电：打开仪表电源开关。

（4）开启进水阀阀 4 和阀 3，调节水流量为 300L/h，让水进入填料塔润湿填料。

（5）检查风机，若正常则启动风机安钮，调节空气流量，使流量为 $3 \sim 4 m^3/h$，。

（6）塔底液封调整至某一高度，观察塔内气液流动状况，在操作过程中，应随时注意调整液封高度，以免塔底液封过高满溢或过低而泄气。

（7）开二氧化碳钢瓶总阀至最大，调整减压阀（注意减压阀的开关方向与普通阀门的开关方向相反，顺时针为开，逆时针为关），使二氧化碳流量达到某一值，即能观察到有机玻璃制成的气液混合器有气泡进入就行，不能过量，否则会造成水流的不连续流动等不稳定现象，无法计量和进行正常的操作。

（8）待塔操作稳定后（约 $10 \sim 15min$），读取各温度计和流量计读数。

（9）用 CO_2 气敏电极分析仪分析进、出塔水中的 CO_2 浓度。

（10）固定空气流量，改变液体喷淋量，重复（7）、（8）步骤。

（11）实验完毕，置各阀门、开关于正常位置，清理实验仪器和实验场地。

2. 注意事项

（1）固定好操作参数后，应随时注意调整以保持各量不变。

（2）在填料塔操作条件改变后，需要有较长的稳定时间，一定要等到稳定以后方能读取有关数据。

（3）由于 CO_2 在水中的溶解度很小，因此，在分析组成时一定要仔细认真，这是做好本试验的关键。

【实验报告】

1. 将原始数据列表。

2. 在双对数坐标纸上绘图表示二氧化碳解吸时体积传质系数、传质单元高度与液体流量的关系。

3. 列出实验计算结果与计算示例。

【思考题】

1. 本实验中，为什么塔底要有液封？液封高度如何计算？

2. 测定 K_{X_a} 有什么工程意义？

3. 为什么二氧化碳解吸过程属于液膜控制？

4. 当气体温度和液体温度不同时，应用什么温度计算亨利系数？

实验三　转盘萃取塔实验

【实验目的】

1. 了解液－液萃取塔的结构及特点。
2. 掌握液－液萃取塔的操作。
3. 掌握传质单元高度的测定方法，并分析外加能量对液－液萃取塔传质单元高度和量的影响。

【实验原理】

1. 液－液萃取设备的特点

液－液相传质和气液相传质均属于传质过程。因此这两类传质过程具有相似之处，但也有差别。在液－液系统中，两相间的重度差较小，界面张力也不大；所以从过程进行的流体力学条件看，在液－液相的接触过程中，能用于强化过程的惯性力不大，同时已分散的两相，分层分离能力也不高。因此，对于气－液接触效率较高的设备，用于液－液接触就显得效率不高。为了提高液－液相传质设备的效率。常常补给能量，如搅拌、脉动、振动等。为使两相逆流和两相分离，需要分层段，以保证有足够的停留时间，让分散的液相凝聚，实现两相的分离。

2. 液－液萃取塔的操作

（1）分散相的选择　在萃取设备中，为了使两相密切接触，其中一相充满设备中的主要空间，并呈连续流动，称为连续相；一相以液滴的形式，分散在连续相中，称为分散相。分散相的选择可通过小试或中试确定，也可根据以下几方面考虑。

①为了增加相际接触面积，一般将流量大的一相作为分散相；但如果两相的流量相差很大，并且所选用的萃取设备具有较大的轴向混合现象，此时应将流量小的一相作为分散相，以减小轴向混合。

②应充分考虑界面张力变化对传质面积的影响，对于 >0 系统，即系统的界面张力随溶质浓度增加而增加的系统；当溶质从液滴向连续相传递时，液滴的稳定性较差，容易破碎，而液膜的稳定性较好，液滴不易合并，所以形成的液滴平均直径较小，相际接触表面较大；当溶质从连续相向液滴传递时，情况刚好相反。在设计液－液传质设备时，根据系统性质正确选择作为分散相的液体，可在同样条件下获得较大的相际传质表面积，强化传质进程。

③对于某些萃取设备，如填料塔和筛板塔等，连续相优先润湿填料或筛板是相当重要的。此时，宜将不易润湿填料或筛板的一相作为分散相。

④分散相液滴连续相中的沉降速度，与连续相的黏度有很大的关系。为提高二相分离

的效果，应将黏度大的一相作为分散相。

⑤此外，从成本、安全考虑，应将成本高的、易燃、易爆物料作为分散相。

（2）液滴的分散 为了使其中一相作为分散相，必须将其分散为液滴的形式，一相液体的分散，亦即液滴的形成，必须使液滴有一个适当的大小。因为液滴的尺寸不仅关系到相际接触面积，而且影响传质系数和塔的流通量。

较小的液滴，固然相际接触面积较大，有利于传质；但是过小的液滴，其内循环消失，液滴的行为趋于固体球，传质系数下降，对传质不利。所以，液滴尺寸对传质的影响必须同时考虑这两方面的因素。

此外，萃取塔内连续相所允许的极限速度（泛点速度）与液滴的运动速度有关，而液滴的运动速度与液滴的尺寸有关。一般较大的液滴，其泛点速度较高，萃取塔允许有较大流通量；相反，较小的液滴，其泛点速度较低，萃取塔允许的流通量也较低。

液滴的分散可以通过以下几个途径实现。

①借助喷嘴或孔板，如喷塔和筛孔塔。

②借助塔内的填料，如填料塔。

③借助外加能量，如转盘塔，振动塔，脉动塔，离心萃取器等。液滴的尺寸除与物性有关外，主要决定于外加能量的大小。

（3）萃取塔的操作 萃取塔在开车时，应首先将连续相注满塔中，然后开启分散相，分散相必须经凝聚后才能自塔内排出。因此当轻相作为分散相时，应使分散相不断在塔顶分层凝聚，当两相界面维持适当的高度后再开启分散相出口阀门，并停靠重相出口的口形管自动调节界面高度。当重相作为分散相时，则分散相不断在塔的分层段凝聚，两相界面应维持在塔底分层段的某一位置上。

3. 液－液传质设备内的传质

与精馏、吸收过程类似，由于过程的复杂性，萃取过程也被分解为理论级和级效率；或传质单元数和传质单元高度，对于转盘塔，振动塔这类微分接触的萃取塔，一般采用传质单元数和传质单元高度来处理。

传质单元数表示过程分离难易的程度。

对于稀溶液，传质单元数可近似用式（1）来表示。

$$N_{OR} = \int_{x_2}^{x_1} \frac{dx}{x - x^*} = \frac{x_F - x_R}{\Delta x_M} \tag{1}$$

式中 N_{OR}——萃余相为基准的总传质单元数，无因次；

    x——萃余相中溶质的浓度，kgA/kgS；

    x^*——与相应萃取浓度成平衡的萃余相中溶质的浓度，kgA/kgS；

x_2、x_1——两相进塔和出塔的萃余相浓度。

传质单元高度表示设备传质性能的好坏，可由式（2）表示。

$$H_{OR} = \frac{H}{N_{OR}} \tag{2}$$

式中　H_{OR}——以萃余相为基准的传质单元高度，m；

　　　H——萃取塔有效接触高度，m。

已知塔高 H 和传质单元数 N_{OR}，可由式（2）求得 H_{OR} 的数值，H_{OR} 反映萃取设备传质性能的好坏，H_{OR} 越大，设备效率越低。影响萃取设备传质性能 H_{OR} 的因素很多，主要有设备结构因素、两相物性因素、操作因素以及外加能量的形式和大小的因素等等。

按萃取相计算的体积总传质系数

$$K = \frac{q_{\mathrm{V.S}}}{H_{\mathrm{OR}} \cdot A} \tag{3}$$

式中　$q_{\mathrm{V.S}}$——萃取相水的体积流量，m³；

　　　H_{OR}——以萃余相为基准的传质单元高度，m；

　　　A——塔截面积，m²。

4. 外加能量的问题

液 – 液传质设备引入外界能量促进液体的分散，改善两相的流动条件，这些均有利于传质，从而提高萃取的效率，降低萃取过程的传质单元高度，但应注意，过度的外加能量将大大增加设备内的轴向混合，减小过程的推动力。此外过度分散的液滴，滴内将消失内循环。这些均是外加能量带来的不利因素。权衡两方面的因素，外加能量应适度，对于某一具体萃取过程，一般应通过实验寻求合适的能量输入量及其形式。

5. 液泛

在连续逆流萃取操作中，萃取塔的通量（又称负荷）取决于连续相容许的线速度，其上限为最小的分散相液滴处于相对静止状态时的连续相流速。这时塔刚处于液泛点（即为液泛速度）。在实验室操作中，连续相的流速应在液泛速度以下。为此需要有可靠的液泛数据，一般这是在中试设备用实际物料实验测得的。

萃取塔的分离效率可以用传质单元高度 H_{OE} 或理论级当量高度 h_{e} 表示。影响脉冲填料萃取塔分离效率的因素主要有填料的种类、轻重两相的流量及脉冲强度等。对一定的实验设备（几何尺寸一定，填料一定），在两相流量固定条件下，脉冲强度增加，传质单元高度降低，塔的分离能力增加。对几何尺寸一定的桨叶式旋转萃取塔来说，在两相流量固定条件下，从较低的转速开始增加时，传质单元高度降低，转速增加到某值时，传质单元将降到最低值，若继续增加转速，反而会使传质单元高度增加，即塔的分离能力下降。

本实验以水为萃取剂，从煤油中萃取苯甲酸，苯甲酸在煤油中的浓度约为 0.2%（质量）。水相为萃取相（用字母 E 表示，在本实验中又称连续相、重相），煤油相为萃余相（用字母 R 表示，在本实验中又称分散相）。在萃取过程中苯甲酸部分地从萃余相转移至萃取相。萃取相及萃余相的进出口浓度由容量分析法测定之。考虑水与煤油是完全不互溶的，且苯甲酸在两相中的浓度都很低，可认为在萃取过程中两相液体的体积流量不发生变化。

同理，本实验也可以按萃余相计算 N_{OE}、H_{OE} 及 $K_{\mathrm{YR}}a$。

【实验装置】

实验装置流程示意图如图 1 所示，萃取塔为旋片旋转萃取设备。塔身为硬质硼硅酸盐玻璃管，在塔顶和塔底的玻璃管扩口处，分别通过增强酚醛压塑法兰、橡皮圈、橡胶垫片与不锈钢法兰相连接。塔内有 30 个环形隔板将固定在塔中间的同轴旋干上，相邻两隔板的距离为 40mm，组成旋转装置。搅拌转动轴的底端有轴承，顶端经轴承传出塔外与直流电机相转接，可通过调节电机电枢电压的方法作无级变速运行，运行速度可直接从转速表读出。塔的上部和下部分别有

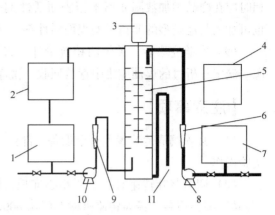

图 1 萃取流程示意图

1—轻相槽；2—萃余相（回收槽）；3—电机搅拌系统；4—电器控制箱；5—萃取塔；6—水流量计；7—重相槽；8—水泵；9—煤油流量计；10—煤油泵；11—萃取相导出

200mm 左右的延伸段形成两个分离段，轻重两相可在分离段分离。

【实验方法】

（1）在实验装置最左下边的贮槽内放满溶有苯甲酸的入口煤油，在实验装置最右下边的贮槽内放满水，分别开动水相和煤油相泵的电闸，将两相的回流阀打开，使其循环流动。

（2）全开水转子流量计调节阀，将重相（连续相）送入塔内。当塔内水面快上升到重相入口与轻相出口间中点时，将水流量调至指定值（4~10L/h），并缓慢改变 π 形管高度使塔内液位稳定在轻相出口以下的位置上。

（3）对浆叶旋转萃取塔或往复筛板塔，要开动电动机，适当地调节变压器使其转速或频率达到指定值。调速时应慢慢的升速，绝不能调节过快致使马达产生"飞转"而损坏设备。

（4）将轻相（分散相）流量调至指定值（4~10L/h），并注意及时调节 π 形管的高度。在实验过程中，始终保持塔顶分离段两相的相界面位于轻相出口以下。

（5）如果做有脉冲的实验，要开动脉冲频率仪的开关，将脉冲频率和脉冲空气的压力调到一定数值，进行某脉冲强度下的实验。在该条件下，两相界面不明显，但要注意不要让水相混入油相储槽之中。

（6）操作稳定半小时后用锥形瓶收集轻相进、出口的样品各约 40mL，重相出口样品约 50mL 备分析浓度之用。

（7）取样后，即可改变条件进行另一操作条件下的实验。保持油相和水相流量不变，将旋转转速或脉冲频率或空气的流量调到另一定数值，进行另一条件下的测试。

（8）用容量分析法测定各样品的浓度。用移液管分别取煤油相 10mL，水相 25mL 样品，以酚酞做指示剂，用 0.02mol/L 左右 NaOH 标准液滴定样品中的苯甲酸。在滴定煤油

相时应在样品中加数滴非离子型表面活性剂醚磺化 AES（脂肪醇聚乙烯醚硫酸脂钠盐），也可加入其他类型的非离子型表面活性剂，并激烈地摇动滴定至终点。

（9）实验完毕后，关闭两相流量计。将调速器调至零位，使桨叶停止转动，切断电源。滴定分析过的煤油应集中存放回收。洗净分析仪器，一切复原，保持实验台面整洁。

【注意事项】

（1）必须搞清楚装置上每个设备、部件、阀门、开关的作用和使用方法，然后再进行实验操作。

（2）调节桨叶转速时一定要小心谨慎，慢慢地升速，千万不能增速过猛使马达产生"飞转"损坏设备。最高转速机械上可达 600r/min。从流体学性能考虑，若转速太高，容易液泛，操作不稳定。对于煤油－水－苯甲酸物系，建议在 500r/min 以下操作。

（3）在整个实验过程中，塔顶两相界面一定要控制在轻相出口和重相入口之间适中的位置并保持不变。

（4）由于分散相和连续相在塔顶、塔底的滞留很大，改变操作条件后，稳定时间一定要够长，大约需要半小时，否则误差极大。

（5）煤油的实际体积流量并不等于流量计的读数。需用煤油的实际流量数值时，必须用流量修正公式对流量计的读数进行修正后方可使用（具体公式见第四章流量计的使用）。

（6）煤油的流量不要太大或太小，太小会使煤油出口处的苯甲酸浓度过低，从而导致分板误差较大，太大会使煤油的消耗量增加。建议水流量取 4L/h，煤油流量取 6L/h。

【实验报告】

1. 求出传质单元数 N_{OR}（图解积分）；
2. 求按萃取相计算的传质单元高度 H_{OR}；
3. 按萃取相计算的体积总传质系数。

【思考题】

1. 萃取塔在开启时，应注意那些问题？
2. 液－液萃取设备与气－液传质设备有何区别？
3. 什么是萃取塔的液泛？在操作时，液泛速率是怎样确定的？
4. 对液－液萃取过程来说是否外加能量越大越有利？
5. 萃取过程适宜于哪些体系？

附：

由苯甲酸与 NaOH 的化学反应式

$$C_6H_5COOH + NaOH === C_6H_5COONa + H_2O$$

可知，到达滴定终点（化学计量点）时，被滴物的摩尔数 $n_{C_6H_5COOH}$ 和滴定剂的摩尔数 n_{NaOH} 正好相等。即

$$n_{C_6H_5COOH} === n_{NaOH} = M_{NaOH} \cdot V_{NaOH}$$

式中　　M_{NaOH}——NaOH 溶液的体积摩尔浓度，mol 溶质/溶液；

　　　　　V_{NaOH}——NaOH 溶液的体积，mL。

实验四　膜分离实验装置

【实验目的】

1. 了解超滤膜分离的主要工艺设计参数。
2. 了解液相膜分离技术的特点。
3. 训练并掌握超滤膜分离的实验操作技术。
4. 熟悉浓差极化、截流率、膜通量、膜污染等概念。

【实验原理】

膜分离是近数十年发展起来的一种新型分离技术。常规的膜分离是采用天然或人工合成的选择性透过膜作为分离介质，在浓度差、压力差或电位差等推动力的作用下，使原料中的溶质或溶剂选择性地透过膜而进行分离、分级、提纯或富集。通常原料一侧称为膜上游，透过一侧称为膜下游。膜分离法可以用于液－固（液体中的超细微粒）分离、液－液分离、气－气分离以及膜反应分离耦合和集成分离技术等方面。其中液－液分离包括水溶液体系、非水溶液体系、水溶胶体系以及含有微粒的液相体系的分离。不同的膜分离过程所使用的膜不同，而相应的推动力也不同。目前已经工业化的膜分离过程包括微滤（MF）、反渗透（RO）、纳滤（NF）、超滤（UF）、渗析（D）、电渗析（ED）、气体分离（GS）和渗透汽化（PV）等，而膜蒸馏（MD）、膜基萃取、膜基吸收、液膜、膜反应器和无机膜的应用等则是目前膜分离技术研究的热点。膜分离技术具有操作方便、设备紧凑、工作环境安全、节约能量和化学试剂等优点，因此在 20 世纪 60 年代，膜分离方法自出现后不久就在海水淡化工程中得到大规模的商业应用。目前，除海水、苦咸水的大规模淡化以及纯水、超纯水的生产外，膜分离技术还在食品工业、医药工业、生物工程、石油、化学工业、环保工程等领域得到推广应用。各种膜分离方法的分离范围如表 1 所示。

表 1　各种膜分离方法的分离范围

膜分离类型	分离粒径/μm	近似分子量	常见物质
过　滤	>1		砂粒、酵母、花粉、血红蛋白
微　滤	0.06 ~ 10	>500000	颜料、油漆、树脂、乳胶、细菌
超　滤	0.005 ~ 0.1	6000 ~ 500000	凝胶、病毒、蛋白、炭黑
纳　滤	0.001 ~ 0.011	200 ~ 6000	染料、洗涤剂、维生素
反渗透	<0.001	<200	水、金属离子

超虑膜分离基本原理是在压力差推动下，利用膜孔的渗透和截留性质，使得不同组分得到分级或分离。超虑膜分离的工作效率以膜通量和物料截流率为衡量指标，两者与膜结构、体系性质以及操作条件等密切相关。影响膜分离的主要因素有：①膜材料，指膜的亲疏水性和电荷性会影响膜与溶质之间的作用力大小；②膜孔径，膜孔径的大小直接影响膜通量和膜的截流率，一般来说在不影响截流率的情况下尽可能选取膜孔径较大的膜，这样有利于提高膜通量；③操作条件（压力和流量）；另外料液本身的一些性质，如溶液 pH 值、盐浓度、温度等都对膜通量和膜的截流率有较大的影响。

从动力学上讲，膜通量的一般形式

$$J_V = \frac{\Delta p}{\mu R} = \frac{\sum p}{\mu (R_m + R_c + R_f)}$$

式中　J_V——膜通量；

　　　R——膜的过滤总阻力；

　　　R_m——膜自身的机械阻力；

　　　R_c——浓差极化阻力；

　　　R_f——膜污染阻力。

过滤时，由于筛分作用，料液中的部分大分子溶质会被膜截留，溶剂及小分子溶质则能自由的透过膜，从而表现出超虑膜的选择性。被截留的溶质在膜表面出积聚，其浓度会逐渐上升，在浓度梯度的作用下，接近膜面的溶质又以相反方向向料液主体扩散，平衡状态时膜表面形成一溶质浓度分布的边界层，对溶剂等小分子物质的运动起阻碍作用。这种现象称为膜的浓差极化，是一可逆过程。

膜污染是指处理物料中的微粒、胶体或大分子由于与膜存在物理化学相互作用或机械作用而引起的在膜表面或膜空内吸附和沉积造成膜孔径变小或孔堵塞，使膜通量的分离特性产生不可逆变化的现象。

膜分离单元操作装置的分离组件采用超滤中空纤维膜。当欲被分离的混合物料流过膜组件孔道时，某组分可穿过膜孔而被分离。通过测定料液浓度和流量可计算被分离物的脱除率、回收率及其他有关数据。当配置真空系统和其他部件后，可组成多功能膜分离装置，能进行膜渗透蒸发、超滤、反渗透等实验。

【实验装置与流程】

1. 超滤膜分离实验装置

超滤膜分离综合实验装置及流程示意图如图 1 所示。中空纤维超滤膜组件规格为：PS10 截留分子量为 10000，内压式，膜面积为 0.1m²，纯水通量为 3～4L/h；PS50 截留分子量为 50000，内压式，膜面积为 0.1m²，纯水通量为 6～8L/h；PP100 截留分子量为 100000，外压式，膜面积为 0.1m²，纯水通量为 40～60L/h。

本实验将 PVA 料液由输液泵输送，经粗滤器和精密过滤器过滤后经转子流量计计量后从下部进入到中空纤维超滤膜组件中，经过膜分离将 PVA 料液分为两股：一股是透过

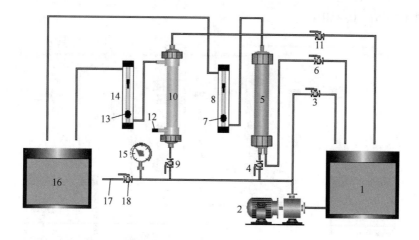

图1 超滤膜分离实验装置流程图

1—原料液水箱；2—循环泵；3—旁路调压阀1；4—阀2；5—膜组件 PP100；
6—浓缩液阀4；7—流量计阀5；8—透过液转子流量计；9—阀3；10—膜组件 PS10；
11—浓缩液阀6；12—反冲口；13—流量计阀7；14—透过液转子流量计；
15—压力表；16—透过液水箱；17—反冲洗管路；18—反冲洗阀门

液——透过膜的稀溶液（主要由低分子量物质构成）经流量计计量后回到低浓度料液储罐（淡水箱）；另一股是浓缩液——未透过膜的溶液（浓度高于料液，主要由大分子物质构成）经回到高浓度料液储罐（浓水箱）。

溶液中 PVA 的浓度采用分光光度计分析。

在进行一段时间实验以后，膜组件需要清洗。反冲洗时，只需向淡水箱中接入清水，打开反冲阀，其他操作与分离实验相同。

中空纤维膜组件容易被微生物侵蚀而损伤，故在不使用时应加入保护液。在本实验系统中，拆卸膜组件后加入保护液（1%～5%甲醛溶液）进行保护膜组件。

电源：～220V

功率：90W

最高工作温度：50℃

最高工作压力：0.1MPa

2. 纳滤、反渗透膜分离实验装置

纳滤、反渗透膜分离综合实验装置及流程示意图如图2所示。纳滤膜组件：纯水通量为12L/h，膜面积为0.4m²，氯化钠脱盐率40%～60%，操作压力0.6MPa；反渗透膜组件纯水通量为10L/h，膜面积为0.4m²，脱盐率90%～97%，操作压力0.6MPa。

电源：～220V

泵电源：DC24V

功率：50W

最高工作温度：50℃

最高工作压力：0.8MPa

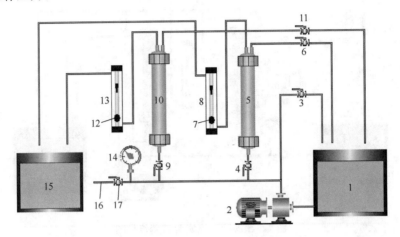

图2　纳滤、反渗透膜分离实验装置流程图

1—原料液水箱；2—循环泵；3—旁路调压阀1；4—阀2；5—反渗透膜组件；
6—浓缩液阀4；7—流量计阀5；8—透过液转子流量计；9—阀3；10—纳滤膜
组件；11—浓缩液阀6；12—流量计阀7；13—透过液转子流量计；14—压力表；
15—透过液水箱；16—反冲洗管路；17—反冲洗阀门

【实验步骤】

1. 准备工作

（1）配制 1%～5% 的甲醛作为保护液

（2）配制 1% 的聚乙二醇溶液

（3）发色剂的配制

①A 液：准确称取 1.6000g 次硝酸铋置于 100mL 容量瓶中，加冰乙酸 20mL，全溶后用蒸馏水稀释至刻度，有效期半年。

②B 液：准确称取碘化钾 40.0000g 置于 100mL 棕色容量瓶中，蒸馏水稀释至刻度。

③Dragendoff 试剂：量取 A 液、B 液各 5mL 置于 100mL 棕色容量瓶中，加冰乙酸 40mL，蒸馏水稀释至刻度，有效期半年。

④醋酸缓冲溶液的配制：称取 0.2mol/L 醋酸钠溶液 590mL 及 0.2mol/L 冰乙酸溶液 410mL 置于 1000mL 容量瓶中，配制成 pH 值为 4.8 的醋酸缓冲溶液。

（4）打开 751 型分光光度计预热

（5）用标准溶液测定工作曲线　用分析天平准确称取在 60℃ 下干燥 4h 的聚乙二醇 1.000g，精确到 mg，溶于 1000mL 的容量瓶中，配制成溶液，分别吸取聚乙二醇溶液 1.0mL、3.0mL、5.0mL、7.0mL、9.0mL 溶于 100mL 的容量瓶内配制成浓度为 10mL、30mL、50mL、70mL、90mL 的标准溶液。再各准备量取 25mL 加入 100mL 容量瓶中，分别加入发色剂和醋酸缓冲溶液各 10mL，稀释至刻度，放置 15min 后用 1cm 比色池用分光光度计测量光密度。以去离子水为空白，作标准曲线。

2. 实验操作

（1）用自来水清洗膜组件 2~3 次，洗去组件中的保护液。排尽清洗液，安装膜组件。

（2）打开阀 1，关闭阀 2、阀 3 及反冲洗阀门。

（3）将配制好的料液加入原料液水箱中，分析料液的初始浓度并记录。

（4）开启电源，使泵正常运转，这时泵打循环水。

（5）选择需要做实验的膜组件，打开相应的进口阀，如若选择做超滤膜分离中的 1 万分子量膜组件实验时，打开阀 3。

（6）组合调节阀门 1、浓缩液阀门，调节膜组件的操作压力。超滤膜组件进口压力为 0.04~0.07MPa；反渗透及纳滤为 0.4~0.6MPa。

（7）启动泵稳定运转 5min 后，分别取透过液和浓缩液样品，用分光光度计分析样品中聚乙烯醇的浓度。然后改变流量，重复进行实验，共测 1~3 个流量。期间注意膜组件进口压力的变化情况，并做好记录，实验完毕后方可停泵。

（8）清洗中空纤维膜组件。待膜组件中料液放尽之后，用自来水代替原料液，在较大流量下运转 20min 左右，清洗超滤膜组件中残余的原料液。

（9）实验结束后，把膜组件拆卸下来，加入保护液至膜组件的 2/3 高度。然后密闭系统，避免保护液损失。

（10）将分光光度计清洗干净，放在指定位置，切断电源。

（11）实验结束后检查水、电是否关闭，确保所用系统水电关闭。

【实验数据处理】

1. 实验条件和数据记录（表 2）

压强（表压）：_____ MPa；温度：_____ ℃

表 2　实验记录表

实验序号	起止时间	浓度/（mg/L）			流量/（L/h）
		原料液	浓缩液	透过液	透过液

2. 数据处理

（1）料液截留率

聚乙二醇的截留率

$$R = \frac{C_0 - C_1}{C_0}$$

式中　R——截留率；

　　C_0——原料初始浓度，$kmol/m^3$；

　　C_1——透过液浓度，$kmol/m^3$。

（2）透过液通量

$$J = \frac{V}{\theta \cdot S}$$

式中　J——透过液通量，$L/(m^2 \cdot h)$；

　　V——渗透液体积，L；

　　S——膜面积，m^2；

　　θ——分离时间，h。

（3）浓缩因子

$$N = \frac{C_2}{C_0}$$

式中　N——浓缩因子；

　　C_2——浓缩液浓度。

【注意事项】

（1）泵启动之前一定要"灌泵"，即将泵体内充满液体。

（2）样品取样方法：

从表面活性剂料液储罐中用移液管吸取 5mL 浓缩液配成 100mL 溶液；同时在透过液出口端和浓缩液出口端分别用 100mL 烧杯接取透过液和浓缩液各约 50mL，然后用移液管从烧杯中吸取透过液 10mL、浓缩液 5mL 分别配成 100mL 溶液。烧杯中剩余的透过液和浓缩液全部倒入表面活性剂料液储罐中，充分混匀后，进行下一个流量实验。

（3）分析方法：

PVA 浓度的测定方法是先用发色剂使 PVA 显色，然后用分光光度计测定。

首先测定工作曲线，然后测定浓度。吸收波长为 690nm。具体操作步聚为：取定量中性或微酸性的 PVA 溶液加入 50mL 的容量瓶中，加入 8mL 发色剂，然后用蒸馏水稀释至标线，摇匀并放置 15min 后，测定溶液吸光度，经查标准工作曲线即可得到 PVA 溶液的浓度。

（4）进行实验前必须将保护液从膜组件中放出，然后用自来水认真清洗，除掉保护液；实验后，也必须用自来水认真清洗膜组件，洗掉膜组件中的 PVA，然后加入保护液。

加入保护液的目的是为了防止系统生菌和膜组件干燥而影响分离性能。

（5）若长时间不用实验装置，应将膜组件拆下，用去离子水清洗后加上保护液保护膜组件。

（6）受膜组件工作条件限制，实验操作压力须严格控制：建议操作压力不超过0.10MPa，工作温度不超过45℃，pH值为2～13。

【思考题】

1. 请简要说明超滤膜分离的基本机理。
2. 超滤组件长期不用时，为何要加保护液？
3. 在实验中，如果操作压力过高会有什么后果？
4. 提高料液的温度对膜通量有什么影响？

实验五　干燥速率曲线的测定实验

【实验目的】

1. 熟悉常压洞道式（厢式）干燥器的构造和操作；
2. 测定在恒定干燥条件（即热空气温度、湿度、流速不变、物料与气流的接触方式不变）下的湿物料干燥曲线和干燥速率曲线；
3. 测定该物料的临界湿含量 X_0；
4. 掌握有关测量和控制仪器的使用方法。

【实验原理】

当湿物料与干燥介质相接触时，物料表面的水分开始气化，并向周围介质传递。根据干燥过程中不同期间的特点，干燥过程可分为两个阶段。

第一个阶段为恒速干燥阶段。在过程开始时，由于整个物料的湿含量较大，其内部的水分能迅速地达到物料表面。因此，干燥速率为物料表面上水分的气化速率所控制，故此阶段亦称为表面气化控制阶段。在此阶段，干燥介质传给物料的热量全部用于水分的气化，物料表面的温度维持恒定（等于热空气湿球温度），物料表面处的水蒸气分压也维持恒定，故干燥速率恒定不变。

第二个阶段为降速干燥阶段。当物料被干燥达到临界湿含量后，便进入降速干燥阶段。此时，物料中所含水分较少，水分自物料内部向表面传递的速率低于物料表面水分的气化速率，干燥速率为水分在物料内部的传递速率所控制。故此阶段亦称为内部迁移控制阶段。随着物料湿含量逐渐减少，物料内部水分的迁移速率也逐渐减少，故干燥速率不断下降。

恒速段的干燥速率和临界含水量的影响因素主要有：固体物料的种类和性质；固体物料层的厚度或颗粒大小；空气的温度、湿度和流速；空气与固体物料间的相对运动方式。

恒速段的干燥速率和临界含水量是干燥过程研究和干燥器设计的重要数据。本实验在恒定干燥条件下对帆布物料进行干燥，测定干燥曲线和干燥速率曲线，目的是掌握恒速段干燥速率和临界水量的测定方法及其影响因素。

1. 干燥速率的测定

$$U = \frac{\mathrm{d}W'}{S\mathrm{d}\tau} \approx \frac{\Delta W'}{S\Delta\tau} \tag{1}$$

式中　U——干燥速率，$kg/(m^2 \cdot h)$；

$\quad\quad S$——干燥面积，m^2，（实验室现场提供）；

$\quad\quad \Delta\tau$——时间间隔，h；

$\quad\quad \Delta W'$——$\Delta\tau$ 时间间隔内干燥气化的水分量，kg。

2. 物料干基含水量

$$X = \frac{G' - G_c{}'}{G_c{}'} \tag{2}$$

式中　X——物料干基含水量，kg 水$/kg$ 绝干物料；

$\quad\quad G'$——固体湿物料的量，kg；

$\quad\quad G_c{}'$——绝干物料量，kg。

3. 恒速干燥阶段，物料表面与空气之间对流传热系数的测定

$$U_c = \frac{\mathrm{d}W'}{S\mathrm{d}\tau} = \frac{\mathrm{d}Q'}{r_{tw}S\mathrm{d}\tau} = \frac{\alpha(t - t_w)}{r_{tw}} \tag{3}$$

$$\alpha = \frac{U_c \cdot r_{tw}}{t - t_w} \tag{4}$$

式中　α——恒速干燥阶段物料表面与空气之间的对流传热系数，$W/(m^2 \cdot ℃)$；

$\quad\quad U_c$——恒速干燥阶段的干燥速率，$kg/(m^2 \cdot s)$；

$\quad\quad t_w$——干燥器内空气的湿球温度，$℃$；

$\quad\quad t$——干燥器内空气的干球温度，$℃$；

$\quad\quad r_{tw}$——t_w $℃$下水的汽化热，J/kg。

4. 干燥器内空气实际体积流量的计算

由节流式流量计的流量公式和理想气体的状态方程式可推导出：

$$V_t = V_{t_0} \times \frac{273 + t}{273 + t_0} \tag{5}$$

式中　V_t——干燥器内空气实际流量，m^3/s；

$\quad\quad t_0$——流量计处空气的温度，$℃$；

$\quad\quad V_{t_0}$——常压下 t_0 $℃$时空气的流量，m^3/s；

$\quad\quad t$——干燥器内空气的温度，$℃$。

$$V_{t_0} = C_0 \times A_0 \times \sqrt{\frac{2 \times \Delta P}{\rho}} \tag{6}$$

$$A_0 = \frac{\pi}{4} d_0^2 \tag{7}$$

式中　　C_0——流量计流量系数，$C_0 = 0.67$；

A_0——节流孔开孔面积，m^2；

d_0——节流孔开孔直径，$d_0 = 0.050m$；

ΔP——节流孔上下游两侧压力差，Pa；

ρ——孔板流量计处 t_0 时空气的密度，kg/m^3。

【实验装置】

1. 装置流程

空气用风机送入电加热器，经加热的空气流入干燥室，加热干燥室中的湿毛毡后，经排出管道排入大气中。随着干燥过程的进行，物料失去的水分量由称重传感器和智能数显仪表记录下来。实验装置如图1所示。

（1）风机电源切换开关：直接、停止、变频分别为风机电源由电网直接提供、风机停止和风机电源由变频器提供。

（2）智能多路液晶显示仪的 1~3 通道分别为：空气流量、湿球温度、称重重量。

（3）风机电源切换开关：3 位开关，当开关打到左边位置时为直接电源给风机供电；当开关打到中间位置时为停止位置；当开关打到右边位置时为变频器输出电源给风机供电。相应上面的指示灯指示的是直接风机供电时的风机电源指示。

（4）风量控制：可通过仪表实现自动控制及调节旋钮实现手动风量控制，但风量不得低于 $50m^3/h$，否则会因为风量过小而烧坏加热管。控制方法是：①手动控制时，将风量手自动切换开关打到手动位置，通过调节手动旋钮即可对变频器输出控制，从而控制风机风量；②自动控制时，将手自动切换开关打到自动位置，这时可通过仪表对变频器输出控制，从而也实现了控制风机风量。

2. 主要设备及仪器

（1）鼓风机：MY250W，250W

（2）电加热器：4.5kW

（3）干燥室：180mm×180mm×1250mm

（4）干燥物料：湿毛毡

（5）称重传感器：YZ108A 型，0~300g。

【实验步骤与注意事项】

1. 实验步骤

（1）打开仪表控制柜上的仪表电源开关，开启仪表。

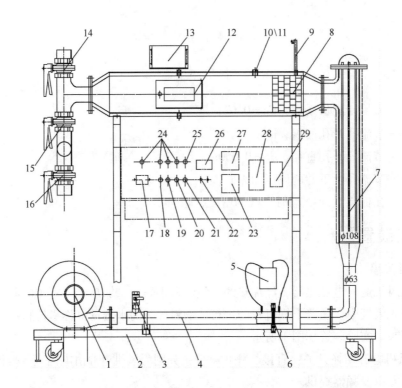

图 1　干燥装置流程图

1—风机；2—可移动实验框架；3—旁路阀；4—气路管道；5—差压传感器；6—不锈钢
孔板流量计；7—电加热管；8—风量均布器；9—支杆；10，11—干球、湿球温度传感
器；12—可视门；13—精密称重传感器；14—蝶阀3；15—蝶阀2；16—蝶阀1；17—总
电源空气开关；18—仪表电源开关；19—变频器电源开关；20—风机电源切换开关；
21—电加热管停止按钮；22—干球温度手自动切换开关及手动调节旋钮；23—干球温度
自动调节仪；24—指示灯；25—电加热管启动按钮；26—加热管电压指示；27—智能风
量控制仪；28—智能多路液晶显示仪；29—变频器

（2）打开仪表控制柜上的风机电源开关，开启风机，这时加热管停止按钮灯亮。

（3）按下加热管启动按钮，启动加热管电源，刚开始加热时，打开加热管电源开关，可通过仪表实现自动控制及调节旋钮实现手动控制干球温度。其方法是：①手动控制时，将手自动切换开关打到手动位置，通过调节手动旋钮即可对加热管电压实现控制，从而控制干球温度；②自动控制时，将手自动切换开关打到自动位置，这时可通过仪表对加热管的电压进行控制，从而也实现了对干球温度的控制。干燥室温度（干球温度）要求恒定在70℃。

（4）将毛毡加入一定量的水并使其润湿均匀，注意水量不能过多或过少。

（5）当干燥室温度恒定在70℃时，一定在老师的指导下或由老师将湿毛毡十分小心地悬挂于称重传感器下的托盘上。

（6）记录时间和毛毡和剩余水的重量，即为重量显示仪的读数，每分钟记录一次数据；每两分钟记录一次干球温度和湿球温度。

（7）待毛毡恒重时，即为实验终了时，按下停止按钮，停止加热，注意保护称重传感器，一定在老师的指导下或由老师非常小心地取下毛毡。

（8）等20min后，当干球温度降到30℃左右时关闭风机电源、关闭仪表电源，清理实验设备。

2. 注意事项

（1）必须先开风机，后开加热器，否则加热管可能会被烧坏。但目前该问题已从电路上解决。

（2）特别注意传感器是非常精密的仪器，且其负荷量仅为300g，放取毛毡时必须十分小心，一定要在老师的指导或由老师轻拿轻放，绝对不能下拉或用力上提，否则会完全损坏称重传感器导致不能再使用。

（3）风量不得低于50m³/h，否则会因为风量过小而烧坏加热管。

【实验报告】

1. 绘制干燥曲线（失水量 – 时间关系曲线）。
2. 根据干燥曲线作干燥速率曲线。
3. 读取物料的临界湿含量。
4. 对实验结果进行分析讨论。

【思考题】

1. 毛毡含水是什么性质的水分？
2. 实验过程中干、湿球温度计是否变化？为什么？
3. 恒定干燥条件是指什么？
4. 如何判断实验已经结束？

实验六　超滤微滤膜分离实验

【实验目的】

1. 了解膜的结构和影响膜分离效果的因素，包括膜材质、压力和流量等。
2. 了解膜分离的主要工艺参数，掌握膜组件性能的表征方法。

【实验原理】

膜分离是以对组分具有选择性透过功能的膜为分离介质，通过在膜两侧施加（或存在）一种或多种推动力，使原料中的某组分选择性地优先透过膜，从而达到混合物的分离，并实现产物的提取、浓缩、纯化等目的的一种新型分离过程。其推动力可以为压力差（也称跨膜压差）、浓度差、电位差、温度差等。膜分离过程有多种，不同的过程所采用的膜及施加的推动力不同，通常称进料液流侧为膜上游、透过液流侧为膜下游。

微滤（MF）、超滤（UF）、纳滤（NF）与反渗透（RO）都是以压力差为推动力的膜分离过程，当膜两侧施加一定的压差时，可使一部分溶剂及小于膜孔径的组分透过膜，而微粒、大分子、盐等被膜截留下来，从而达到分离的目的。

四个过程的主要区别在于被分离物粒子或分子的大小和所采用膜的结构与性能。微滤膜的孔径范围为 $0.05 \sim 10\mu m$，所施加的压力差为 $0.015 \sim 0.2MPa$；超滤分离的组分是大分子或直径不大于 $0.1\mu m$ 的微粒，其压差范围约为 $0.1 \sim 0.5MPa$；反渗透常被用于截留溶液中的盐或其他小分子物质，所施加的压差与溶液中溶质的相对分子质量及浓度有关，通常的压差在 2MPa 左右，也有高达 10MPa 的；介于反渗透与超滤之间的为纳滤过程，膜的脱盐率及操作压力通常比反渗透低，一般用于分离溶液中相对分子质量为几百至几千的物质。

1. 微滤与超滤

微滤过程中，被膜所截留的通常是颗粒性杂质，可将沉积在膜表面上的颗粒层视为滤饼层，则其实质与常规过滤过程近似。本实验中，以含颗粒的混浊液或悬浮液，经压差推动通过微滤膜组件，改变不同的料液流量，观察透过液侧清液情况。

对于超滤，筛分理论被广泛用来分析其分离机理。该理论认为，膜表面具有无数个微孔，这些实际存在的不同孔径的孔眼像筛子一样，截留住分子直径大于孔径的溶质和颗粒，从而达到分离的目的。应当指出的是，在有些情况下，孔径大小是物料分离的决定因数；但对另一些情况，膜材料表面的化学特性却起到了决定性的截留作用。如有些膜的孔径既比溶剂分子大，又比溶质分子大，本不应具有截留功能，但令人意外的是，它却仍具有明显的分离效果。由此可见，膜的孔径大小和膜表面的化学性质将分别起着不同的截留作用。

2. 膜性能的表征

一般而言，膜组件的性能可用截留率（R）、透过液通量（J）和溶质浓缩倍数（N）来表示。

$$R = \frac{c_0 - c_P}{c_0} \times 100\% \qquad (1)$$

式中　R——截留率；

　　c_0——原料液的浓度，$kmol/m^3$；

　　c_P——透过液的浓度，$kmol/m^3$。

对于不同溶质成分，在膜的正常工作压力和工作温度下，截留率不尽相同，因此这也是工业上选择膜组件的基本参数之一。

$$J = \frac{V_P}{S \cdot t} \qquad (2)$$

式中　　J——透过液通量，L/（m^2·h）

　　　V_P——透过液的体积，L；

　　　S——膜面积，m^2；

　　　t——分离时间，h。

其中，$Q = \dfrac{V_P}{t}$，即透过液的体积流量，在把透过液作为产品侧的某些膜分离过程中（如污水净化、海水淡化等），该值用来表征膜组件的工作能力。一般膜组件出厂，均有纯水通量这个参数，即用日常自来水（显然钙离子、镁离子等成为溶质成分）通过膜组件而得出的透过液通量。

$$N = \frac{c_R}{c_P} \tag{3}$$

式中　　N——溶质浓缩倍数；

　　　c_R——浓缩液的浓度，kmol/m^3；

　　　c_P——透过液的浓度，kmol/m^3。

该值比较了浓缩液和透过液的分离程度，在某些以获取浓缩液为产品的膜分离过程中（如大分子提纯、生物酶浓缩等），是重要的表征参数。

【实验装置与流程】

膜分离流程如图 1 所示。本实验装置均为科研用膜，透过液通量和最大工作压力均低于工业现场实际使用情况，实验中不可将膜组件在超压状态下工作。主要工艺参数如表 1 所示。

表 1　膜分离装置主要工艺参数

膜组件	膜材料	膜面积/m^2	最大工作压力/MPa
微滤（MF）	聚丙烯混纤	0.5	0.15
超滤（UF）	聚砜聚丙烯	0.1	0.15

对于微滤过程，可选用 1% 浓度左右的碳酸钙溶液，或 100 目左右的双飞粉配成 2% 左右的悬浮液，作为实验采用的料液。透过液用烧杯接取，观察它随料液浓度或流量变化，透过液侧清澈程度变化。

本装置中的超滤孔径可分离分子量 5 万级别的大分子，医药科研上常用于截留大分子蛋白质或生物酶。作为演示实验，可选用分子量为 6.7 万~6.8 万的牛血清白蛋白配成 0.02% 的水溶液作为料液，浓度分析采用紫外分光光度计，即分别取各样品在紫外分光光度计下 280nm 处吸光度值，然后比较相对数值即可（也可事先作出浓度 – 吸光度标准曲线供查值）。该物料泡沫较多，分析时取底下液体即可。

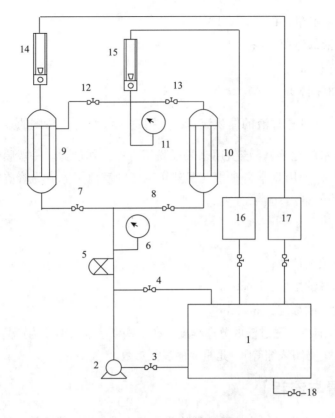

图1　膜分离流程示意图

1—料液罐；2—磁力泵；3—泵进口阀；4—泵回流阀；5—预过滤器；6—滤前压力表；

7—超滤进口阀；8—微滤进口阀；9—超滤膜；10—微滤膜；11—滤后压力表；

12—超滤清液出口阀；13—微滤滤液出口阀；14—浓液流量计；

15—清液流量计；16—清液罐；17—浓液罐；18—排水阀

【实验步骤】

1. 微滤

在原料液储槽中加满料液后，打开低压料液泵回流阀和低压料液泵出口阀，打开微滤料液进口阀和微滤清液出口阀，则整个微滤单元回路已畅通。

在控制柜中打开低压料液泵开关，可观察到微滤、超滤进口压力表显示读数，通过低压料液泵回流阀和低压料液泵出口阀，控制料液通入流量从而保证膜组件在正常压力下工作。改变浓液转子流量计流量，可观察到清液浓度变化。

2. 超滤

在原料液储槽中加满料液后，打开低压料液泵回流阀和低压料液泵出口阀，打开超滤料液进口阀、超滤清液出口阀和浓液出口阀，则整个超滤单元回路已畅通。

在控制柜中打开低压料液泵开关，可观察到微滤、超滤进口压力表显示读数，通过低压料液泵回流阀和低压料液泵出口阀，控制料液通入流量从而保证膜组件在正常压力下工作。通过调节浓液转子流量计，改变浓液流量，可观察到对应压力表读数改变，并在流量稳定时取样分析。

3. 注意事项

（1）每个单元分离过程前，均应用清水彻底清洗该段回路，方可进行料液实验。清水清洗管路可仍旧按实验单元回路，对于微滤组件则可拆开膜外壳，直接清洗滤芯，对于另一个膜组件则不可打开，否则膜组件和管路重新连接后可能造成漏水情况发生。

（2）整个单元操作结束后，先用清水洗完管路，之后在储槽中配置 0.5% ~ 1% 浓度的甲醛溶液，经磁力泵逐个将保护液打入各膜组件中，使膜组件浸泡在保护液中。

以超滤膜加保护液为例，说明该步操作如下：打开磁力泵出口阀和泵回流阀，控制保护液进入膜组件压力也在膜正常工作下；打开超滤进口阀，则超滤膜浸泡在保护液中；打开清液回流阀、清液出口阀，并调节清液流量计开度，可观察到保护液通过清液排空软管溢流回保护液储槽中；调节浓液流量计开度，可观察到保护液通过浓液排空软管溢流回保护液储槽中。

（3）对于长期使用的膜组件，其吸附杂质较多，或者浓差极化明显，则膜分离性能显著下降。对于预过滤和微滤组件，采取更换新内芯的手段；对于超滤、纳滤和反渗透组件，一般先采取反清洗手段，即将低浓度的料液溶液逆向进入膜组件，同时关闭浓液出口阀，使料液反向通过膜内芯而从物料进口侧出液，在这个过程中，料液可溶解部分溶质而减少膜的吸附。若反清洗后膜组件仍无法恢复分离性能（如基本的截留率显著下降），则表面膜组件使用寿命已到尽头，需更换新内芯。

附：膜组件工作性能与维护要求

本装置中的所有膜组件均为科研用膜（工业上膜组件的使用寿命因分离物系不同而受影响），为使其能较长时间保持正常分离性能，请注意其正常工作压力、工作温度，并选取合适浓度的物料，并做好保养工作。

（1）系统要求

最高工作温度：50℃

正常工作温度：5 ~ 45℃

（2）膜组件性能

预滤组件：滤芯材料为聚丙稀混纤，孔径 5μm

（3）维修与保养

a. 实验前请仔细阅读"实验指导书"和系统流程，特别要注意各种膜组件的正常工作压力与温度。

b. 新装置首次使用前，先用清水进料 10 ~ 20min，洗去膜组件内的保护剂（为一些表面活性剂或高分子物质，对膜组件孔径定型用）。

c. 实验原料液必须经过 5μm 微孔膜预过滤（即本实验装置中的预过滤器），防止硬颗粒混入而划破膜组件。

d. 使用不同料液实验时，必须对膜组件及相关管路进行彻底清洗。

e. 暂时不使用时，须保持膜组件湿润状态（因为膜组件干燥后，又失去了定型的保护剂，孔径可能发生变化，从而影响分离性能），可通过膜组件进出口阀门，将一定量清水或消毒液封在膜组件内。

f. 较长时间不用时，要防止系统生菌，可以加入少量防腐剂，例如甲醛、双氧水等（浓度均不高于 0.5%）。在下次使用前，则必须将这些保护液冲洗干净，才能进行料液实验。

实验七　纳滤反渗透膜分离实验

【实验目的】

1. 了解膜的结构和影响膜分离效果的因素，包括膜材质、压力和流量等；
2. 了解膜分离的主要工艺参数，掌握膜组件性能的表征方法。

【基本原理】

1. 膜分离简介

膜分离是以对组分具有选择性透过功能的膜为分离介质，通过在膜两侧施加（或存在）一种或多种推动力，使原料中的某组分选择性地优先透过膜，从而达到混合物的分离，并实现产物的提取、浓缩、纯化等目的的一种新型分离过程。其推动力可以为压力差（也称跨膜压差）、浓度差、电位差、温度差等。膜分离过程有多种，不同的过程所采用的膜及施加的推动力不同，通常称进料液流侧为膜上游、透过液流侧为膜下游。

微滤（MF）、超滤（UF）、纳滤（NF）与反渗透（RO）都是以压力差为推动力的膜分离过程，当膜两侧施加一定的压差时，可使一部分溶剂及小于膜孔径的组分透过膜，而微粒、大分子、盐等被膜截留下来，从而达到分离的目的。

四个过程的主要区别在于被分离物粒子或分子的大小和所采用膜的结构与性能。微滤膜的孔径范围为 $0.05 \sim 10\mu m$，所施加的压力差为 $0.015 \sim 0.2MPa$；超滤分离的组分是大分子或直径不大于 $0.1\mu m$ 的微粒，其压差范围约为 $0.1 \sim 0.5MPa$；反渗透常被用于截留溶液中的盐或其他小分子物质，所施加的压差与溶液中溶质的相对分子质量及浓度有关，通常的压差在 2MPa 左右，也有高达 10MPa 的；介于反渗透与超滤之间的为纳滤过程，膜的脱盐率及操作压力通常比反渗透低，一般用于分离溶液中相对分子质量为几百至几千的物质。

2. 纳滤和反渗透机理

对于纳滤，筛分理论被广泛用来分析其分离机理。该理论认为，膜表面具有无数个微孔，这些实际存在的不同孔径的孔眼像筛子一样，截留住分子直径大于孔径的溶质和颗粒，从而达到分离的目的。应当指出的是，在有些情况下，孔径大小是物料分离的决定因数；但对另一些情况，膜材料表面的化学特性却起到了决定性的截留作用。如有些膜的孔径既比溶剂分子大，又比溶质分子大，本不应具有截留功能，但令人意外的是，它却仍具有明显的分离效果。由此可见，膜的孔径大小和膜表面的化学性质将分别起着不同的截留作用。

反渗透是一种依靠外界压力使溶剂从高浓度侧向低浓度侧渗透的膜分离过程，其基本机理为 Sourirajan 在 Gibbs 吸附方程基础上提出的优先吸附 – 毛细孔流动机理，而后又按此机理发展为定量的表面力 – 孔流动模型（详见教材）。

3. 膜性能的表征

一般而言，膜组件的性能可用截留率（R）、透过液通量（J）和溶质浓缩倍数（N）来表示。

$$R = \frac{c_0 - c_P}{c_0} \times 100\% \tag{1}$$

式中　R——截留率；

c_0——原料液的浓度，$kmol/m^3$；

c_P——透过液的浓度，$kmol/m^3$。

对于不同溶质成分，在膜的正常工作压力和工作温度下，截留率不尽相同，因此这也是工业上选择膜组件的基本参数之一。

$$J = \frac{V_P}{S \cdot t} \tag{2}$$

式中　J——透过液通量，$L/(m^2 \cdot h)$

V_P——透过液的体积，L；

S——膜面积，m^2；

t——分离时间，h。

其中，$Q = \dfrac{V_P}{t}$，即透过液的体积流量，在把透过液作为产品侧的某些膜分离过程中（如污水净化、海水淡化等），该值用来表征膜组件的工作能力。一般膜组件出厂，均有纯水通量这个参数，即用日常自来水（显然钙离子、镁离子等成为溶质成分）通过膜组件而得出的透过液通量。

$$N = \frac{c_R}{c_P} \tag{3}$$

式中　N——溶质浓缩倍数；

c_R——浓缩液的浓度，$kmol/m^3$；

c_P——透过液的浓度，$kmol/m^3$。

该值比较了浓缩液和透过液的分离程度，在某些以获取浓缩液为产品的膜分离过程中（如大分子提纯、生物酶浓缩等），是重要的表征参数。

【实验装置与流程】

膜分离流程如图 1 所示。本实验装置均为科研用膜，透过液通量和最大工作压力均低于工业现场实际使用情况，实验中不可将膜组件在超压状态下工作。主要工艺参数如表 1 所示。

表 1　膜分离装置主要工艺参数

膜组件	膜材料	膜面积/m²	最大工作压力/MPa
纳滤（NF）	芳香聚纤胺	0.4	0.7
反渗透（RO）	芳香聚纤胺	0.4	0.7

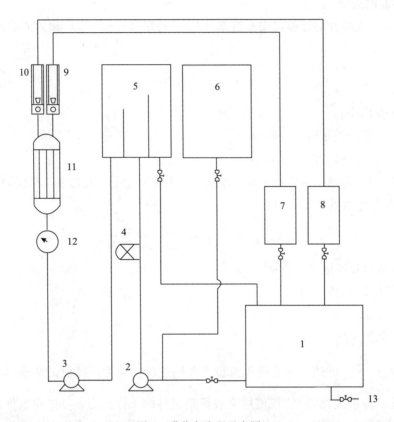

图 1　膜分离流程示意图

1—料液罐；2—低压泵；3—高压泵；4—预过滤器；5—预过滤液罐；6—配液罐；7—清液罐；
8—浓液罐；9—清液流量计；10—浓液流量计；11—膜组件；12—压力表；13—排水阀

反渗透可分离分子量为 100 级别的离子，学生实验常取 0.5% 浓度的硫酸钠水溶液为料液，浓度分析采用电导率仪，即分别取各样品测取电导率值，然后比较相对数值即可（也可根据实验前做得的浓度 – 电导率值标准曲线获取浓度值）。

【实验步骤和注意事项】

1. 实验步骤

（1）用清水清洗管路，通电检测高低压泵，温度、压力仪表是否正常工作。

（2）在配料槽中配置实验所需料液，打开低压泵，料液经预过滤器进入预过滤液槽。

（3）低压预过滤 5～10min 后，开启高压泵，分别将清液、浓液转子流量计打到一定的开度，实验过程中可分别取样。

（4）若采用大流量物料（与实验量产有关），可在底部料槽中配好相应浓度料液。

（5）实验结束，可在配料槽中配置消毒液（常用 1% 甲醛，根据物料特性）打入各膜芯中。

（6）对于不同膜分离过程实验，可采用安装不同膜组件实现。

2. 注意事项

（1）每个单元分离过程前，均应用清水彻底清洗该段回路，方可进行料液实验。清水清洗管路可仍旧按实验单元回路，对于微滤组件则可拆开膜外壳，直接清洗滤芯，对于另一个膜组件则不可打开，否则膜组件和管路重新连接后可能造成漏水情况发生。

（2）整个单元操作结束后，先用清水洗完管路，之后在储槽中配置 0.5%～1% 浓度的甲醛溶液，用水泵逐个将保护液打入各膜组件中，使膜组件浸泡在保护液中。

以反渗透膜加保护液为例，说明该步操作如下：

打开高压泵，控制保护液进入膜组件压力也在膜正常工作下；调节清液流量计开度，可观察到保护液通过清液排空软管溢流回保护液储槽中；调节浓液流量计开度，可观察到保护液通过浓液排空软管溢流回保护液储槽中；则说明反渗透膜浸泡在保护液中。

（3）对于长期使用的膜组件，其吸附杂质较多，或者浓差极化明显，则膜分离性能显著下降。对于预过滤和微滤组件，采取更换新内芯的手段；对于超滤、纳滤和反渗透组件，一般先采取反清洗手段，即将低浓度的料液溶液逆向进入膜组件，同时关闭浓液出口阀，使料液反向通过膜内芯而从物料进口侧出液，在这个过程中，料液可溶解部分溶质而减少膜的吸附。若反清洗后膜组件仍无法恢复分离性能（如基本的截留率显著下降），则表面膜组件使用寿命已到尽头，需更换新内芯。

附：膜组件工作性能与维护要求

本装置中的所有膜组件均为科研用膜（工业上膜组件的使用寿命因分离物系不同而受影响），为使其能较长时间保持正常分离性能，请注意其正常工作压力、工作温度，并选取合适浓度的物料，并做好保养工作。

（1）系统要求

最高工作温度：50℃

正常工作温度：5～45℃

正常工作压力：反渗透进口压力　0.6MPa

最大工作压力：反渗透进口压力　0.7MPa

（2）膜组件性能

预滤组件：

滤芯材料为聚丙稀混纤，孔径 5μm

纳滤组件：

膜材料：芳香聚纤胺

膜组件形式：卷式

有效膜面积：$0.4m^2$

纯水通量（0.6MPa，25℃）：6～8L/h

脱盐率：Na_2SO_4，　　　＞50%

原料液溶质浓度：　　　＜2%

反渗透组件：

膜材料：芳香聚纤胺

膜组件形式：卷式

有效膜面积：$0.4m^2$

纯水通量（0.6MPa，25℃）：2.5～25L/h

脱盐率：Na_2SO_4，　　　＞95%

原料液溶质浓度：　　　＜1%

（3）维修与保养

a. 实验前请仔细阅读"实验指导书"和系统流程，特别要注意各种膜组件的正常工作压力与温度。

b. 新装置首次使用前，先用清水进料10～20min，洗去膜组件内的保护剂（为一些表面活性剂或高分子物质，对膜组件孔径定型用）。

c. 实验原料液必须经过5μm微孔膜预过滤（即本实验装置中的预过滤器），防止硬颗粒混入而划破膜组件。

d. 使用不同料液实验时，必须对膜组件及相关管路进行彻底清洗。

e. 暂时不使用时，须保持膜组件湿润状态（因为膜组件干燥后，又失去了定型的保护剂，孔径可能发生变化，从而影响分离性能），可通过膜组件进出口阀门，将一定量清水或消毒液封在膜组件内。

f. 较长时间不用时，要防止系统生菌，可以加入少量防腐剂，例如甲醛、双氧水等（浓度均不高于0.5%）。在下次使用前，则必须将这些保护液冲洗干净，才能进行料液实验。

实验八　液－液转盘萃取实验

【实验目的】

1. 了解转盘萃取塔的基本结构、操作方法及萃取的工艺流程；

2. 观察转盘转速变化时，萃取塔内轻、重两相流动状况，了解萃取操作的主要影响因素，研究萃取操作条件对萃取过程的影响；

3. 掌握传质单元数 N_{OR}、传质单元高度 H_{OR} 和萃取率 η 的实验测法。

【实验原理】

萃取是分离和提纯物质的重要单元操作之一，是利用混合物中各个组分在外加溶剂中的溶解度的差异而实现组分分离的单元操作。使用转盘塔进行液－液萃取操作时，两种液体在塔内作逆流流动，其中一相液体作为分散相，以液滴形式通过另一种连续相液体，两种液相的浓度则在设备内作微分式的连续变化，并依靠密度差在塔的两端实现两液相间的分离。当轻相作为分散相时，相界面出现在塔的上端；反之，当重相作为分散相时，则相界面出现在塔的下端。

1. 传质单元法的计算

计算微分逆流萃取塔的塔高时，主要是采取传质单元法。即以传质单元数和传质单元高度来表征，传质单元数表示过程分离程度的难易，传质单元高度表示设备传质性能的好坏。

$$H = H_{OR} \cdot N_{OR} \tag{1}$$

式中　H——萃取塔的有效接触高度，m；

　　　H_{OR}——以萃余相为基准的传质单元高度，m；

　　　N_{OR}——以萃余相为基准的总传质单元数，无因次。

按定义，N_{OR} 计算式为

$$N_{OR} = \int_{x_R}^{x_F} \frac{\mathrm{d}x}{x - x^*} \tag{2}$$

式中　x_F——原料液的组成，kgA/kgS；

　　　x_R——萃余相的组成，kgA/kgS；

　　　x——塔内某截面处萃余相的组成，kgA/kgS；

　　　x^*——塔内某截面处与萃取相平衡时的萃余相组成，kgA/kgS。

当萃余相浓度较低时，平衡曲线可近似为过原点的直线，操作线也简化为直线处理，如图1所示。

则积分式（2）得

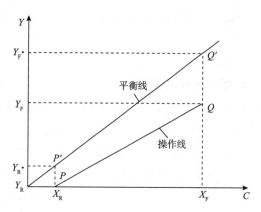

图1　萃取平均推动力计算示意图

$$N_{OR} = \frac{x_F - x_R}{\Delta x_m} \tag{3}$$

其中，Δx_m 为传质过程的平均推动力，在操作线、平衡线作直线近似的条件下为

$$\Delta x_m = \frac{(x_F - x^*) - (x_R - 0)}{\ln \frac{(x_F - x^*)}{(x_R - 0)}} = \frac{(x_F - y_E/k) - x_R}{\ln \frac{(x_F - y_E/k)}{x_R}} \tag{4}$$

式中　k——分配系数，例如对于本实验的煤油苯甲酸相－水相，$k = 2.26$；

　　　y_E——萃取相的组成，kgA/kgS。

对于 x_F、x_R 和 y_E，分别在实验中通过取样滴定分析而得，y_E 也可通过如下的物料衡算而得

$$F + S = E + R$$
$$F \cdot x_F + S \cdot 0 = E \cdot y_E + R \cdot x_R \tag{5}$$

式中　F——原料液流量，kg/h；

　　　S——萃取剂流量，kg/h；

　　　E——萃取相流量，kg/h；

　　　R——萃余相流量，kg/h。

对稀溶液的萃取过程，因为 $F = R, S = E$，所以有

$$y_E = \frac{F}{S}(x_F - x_R) \tag{6}$$

本实验中，取 $F/S = 1/1$（质量流量比），则式（6）简化为

$$y_E = x_F - x_R \tag{7}$$

2. 萃取率的计算

萃取率 η 为被萃取剂萃取的组分 A 的量与原料液中组分 A 的量之比

$$\eta = \frac{F \cdot x_F - R \cdot x_R}{F \cdot x_F} \tag{8}$$

对稀溶液的萃取过程，因为 $F = R$，所以有

$$\eta = \frac{x_F - x_R}{x_F} \tag{9}$$

3. 组成浓度的测定

对于煤油苯甲酸相－水相体系，采用酸碱中和滴定的方法测定进料液组成 x_F、萃余液组成 x_R 和萃取液组成 y_E，即苯甲酸的质量分率，具体步骤如下：

（1）用移液管量取待测样品 25mL，加 1~2 滴溴百里酚兰指示剂；

（2）用 KOH－CH_3OH 溶液滴定至终点，则所测浓度为

$$x = \frac{N \cdot \Delta V \cdot 122}{25 \times 0.8} \tag{10}$$

式中　N——KOH－CH_3OH 溶液的当量浓度，mol/mL；

　　　ΔV——滴定用去的 KOH－CH_3OH 溶液体积量，mL。

此外，苯甲酸的分子量为 122g/moL，煤油密度为 0.8g/mL，样品量为 25mL。

（3）萃取相组成 y_E 也可按式（7）计算得到。

【实验装置与流程】

实验装置如图 2 所示。本装置操作时应先在塔内灌满连续相——水，然后加入分散相

——煤油（含有饱和苯甲酸），待分散相在塔顶凝聚一定厚度的液层后，通过连续相的Π管闸阀调节两相的界面于一定高度，对于本装置采用的实验物料体系，凝聚是在塔的上端中进行（塔的下端也设有凝聚段）。本装置外加能量的输入，可通过直流调速器来调节中心轴的转速。转盘萃取塔参数见表1。

表1　转盘萃取塔参数

塔内径	塔高	传质区高度
60mm	1200mm	750mm

【实验步骤】

1. 将煤油配制成含苯甲酸的混合物（配制成饱和或近饱和），然后把它灌入轻相槽内。注意：勿直接在槽内配置饱和溶液，防止固体颗粒堵塞煤油输送泵的入口。

2. 接通水管，将水灌入重相槽内，用磁力泵将它送入萃取塔内。注意：磁力泵切不可空载运行。

3. 通过调节转速来控制外加能量的大小，在操作时转速逐步加大，中间会跨越一个临界转速（共振点），一般实验转速可取 500 转。

4. 水在萃取塔内搅拌流动，并连续运行 5min 后，开启分散相——煤油管路，调节两相的体积流量一般在 10 ~ 20L/h 范围

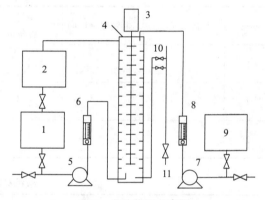

图2　实验装置示意图

1—轻相槽；2—萃余相槽（回收槽）；
3—电机搅拌系统；4—转盘萃取塔；5—轻相泵；
6—轻相流量计；7—重相泵；8—重相流量计；
9—重相槽；10—Π管闸阀；11—萃取相出口

内。（在进行数据计算时，对煤油转子流量计测得的数据要校正，即煤油的实际流量应为

$$V_{校} = \sqrt{\frac{1000}{800}} V_{测}$$，其中 $V_{测}$ 为煤油流量计上的显示值。）

5. 待分散相在塔顶凝聚一定厚度的液层后，再通过连续相出口管路中Π形管上的阀门开度来调节两相界面高度，操作中应维持上集液板中两相界面的恒定。

6. 通过改变转速来分别测取效率 η 或 H_{OR} 从而判断外加能量对萃取过程的影响。

7. 取样分析。本实验采用酸碱中和滴定的方法测定进料液组成 x_F、萃余液组成 x_R 和萃取液组成 y_E，即苯甲酸的质量分率，具体步骤如下：

（1）用移液管量取待测样品 25mL，加 1 ~ 2 滴溴百里酚兰指示剂；

（2）用 $KOH - CH_3OH$ 溶液滴定至终点，则所测质量浓度为

$$x = \frac{N \cdot \Delta V \cdot 122.12}{25 \times 0.8} \times 100\%$$

式中　N——KOH–CH$_3$OH 溶液的当量浓度，mol/mL；

　　　ΔV——滴定用去的 KOH–CH$_3$OH 溶液体积量，mL。

苯甲酸的分子量为 122.12g/mol，煤油密度为 0.8g/mL，样品量为 25mL。

（3）萃取相组成 y_E 也可按式（7）计算得到。

【实验报告】

1. 计算不同转速下的萃取效率，传质单元高度。

2. 以煤油为分散相，水为连续相，进行萃取过程的操作。

实验数据记录：

氢氧化钾的当量浓度 N_{KOH} =　　　　　　mol/mL

编号	重相流量（L/h）	轻相流量（L/h）	转速 N（r/min）	ΔV_F mL（KOH）	ΔV_R mL（KOH）	ΔV_S mL（KOH）
1						
2						
3						

数据处理表

编号	转速 n	萃余相浓度 x_R	萃取相浓度 y_E	平均推动力 Δx_m	传质单元高度 H_{OR}	传质单元数 N_{OR}	效率 η
1							
2							
3							

【思考题】

1. 请分析比较萃取实验装置与吸收、精馏实验装置的异同点？

2. 说说本萃取实验装置的转盘转速是如何调节和测量的？从实验结果分析转盘转速变化对萃取传质系数与萃取率的影响。

3. 测定原料液、萃取相、萃余相的组成可用哪些方法？采用中和滴定法时，标准碱为什么选用 KOH–CH$_3$OH 溶液，而不选用 KOH–H$_2$O 溶液？

第六章 化工工艺实验

实验一 填料塔分离效率的测定

【实验目的】

1. 了解系统表面张力对填料精馏塔效率的影响机理；2. 测定甲酸 – 水系统在正、负系统范围的 HETP。

【实验原理】

填料塔是生产中广泛使用的一种塔型，在进行设备设计时，要确定填料层高度，或确定理论塔板数与等板高度 HETP。其中理论板数主要取决于系统性质与分离要求，等板高度 HETP 则与塔的结构，操作因素以及系统物性有关。

由于精馏系统中低沸组分与高沸组分表面张力上的差异，沿着汽液界面形成了表面张力梯度，表面张力梯度不仅能引起表面的强烈运动，而且还可导致表面的蔓延或收缩。这对填料表面液膜的稳定或破坏以及传质速率都有密切关系，从而影响分离效果。

根据热力学分析，为使喷淋液能很好地润湿填料表面，在选择填料的材质时，要使固体的表面张力 σ_{SV} 大于液体的表面张力 σ_{LV}。然而有时虽已满足上述热力学条件，但液膜仍会破裂形成沟流，这是由于混合液中低沸组分与高沸组分表面张力不同，随着塔内传质传热的进行，形成表面张力梯度，造成填料表面液膜的破碎，从而影响分离效果。

根据系统中组分表面张力的大小，可将二元精馏系统分为下列三类：

（1）正系统：低沸组分的表面张力 σ_l 较低，即 $\sigma_l < \sigma_h$。当回流液下降时，液体的表面张力 σ_{LV} 值逐渐增大。

（2）负系统；与正系统相反，低沸组分的表面张力 σ_l 较高，即 $\sigma_l > \sigma_h$。因而回流液下降过程中表面张力 σ_{LV} 逐渐减小。

（3）中性系统：系统中低沸组分的表面张力与高沸组分的表面张力相近，即 $\sigma_l \approx \sigma_h$，或两组分的挥发度差异甚小，使得回流液的表面张力值并不随着塔中的位置有多大变化。

在精馏操作中，由于传质与传热的结果，导致液膜表面不同区域的浓度或温度不均匀，使表面张力发生局部变化，形成表面张力梯度，从而引起表面层内液体的运动，产生 Marangoni 效应。这一效应可引起界面处的不稳定，形成旋涡；也会造成界面的切向和法向脉动，而这些脉动有时又会引起界面的局部破裂，因此由玛兰哥尼（Marangoni）效应引起的局部流体运动反过来又影响传热传质。

填料塔内相际接触面积的大小取决于液膜的稳定性，若液膜不稳定，液膜破裂形成沟流，使相际接触面积减少。由于液膜不均匀，传质也不均匀，液膜较薄的部分轻组分传出较多，重组分传入也较多，于是液膜薄的地方轻组分含量就比液膜厚的地方小，对正系统而言，如图1所示，由于轻组分的表面张力小于重组分，液膜薄的地方表面张力较大，而液膜较厚部分的表面张力比较薄处小，表面张力差推动液体从较厚处流向较薄处，这样液膜修复，变得稳定。对于负系统，则情况相反，在液膜较薄部分表面张力比液膜较厚部分的表面张力小，表面张力差使液体从较薄处流向较厚处，这样液膜被撕裂形成沟流。实验证明，正、负系统在填料塔中具有不同的传质效率，负系统的等板高度（HETP）可比正系统大一倍甚至一倍以上。

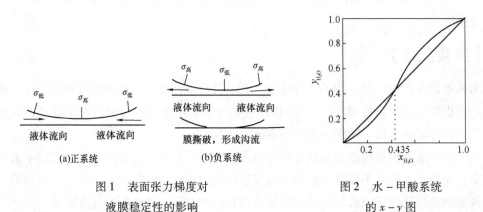

图1　表面张力梯度对
液膜稳定性的影响

图2　水－甲酸系统
的 $x-y$ 图

本实验使用的精馏系统为具有最高共沸点的甲酸－水系统。试剂级的甲酸为含85%（质）左右的水溶液，在使用同一系统进行正系统和负系统实验时，必须将其浓度配制在正系统与负系统的范围内。甲酸－水系统的共沸组成为：$x_{H_2O} = 0.435$，而85%（质）甲酸的水溶液中含水量化为摩尔分率为0.3048，落在共沸点的左边，为正系统范围，水－甲酸系统的 $x-y$ 图如图2所示。其气液平衡数据如表1所示。

表1　水－甲酸系统气液平衡数据表

$t/℃$	102.3	104.6	105.9	107.1	107.6	107.6	107.1	106.0	104.2	102.9	101.8
x_{H_2O}	0.0405	0.155	0.218	0.321	0.411	0.464	0.522	0.632	0.740	0.829	0.900
y_{H_2O}	0.0245	0.102	0.162	0.279	0.405	0.482	0.567	0.718	0.836	0.907	0.951

【实验装置及流程】

本实验所用的玻璃填料塔内径为31mm，填料层高度为540mm，内装；4mm×4mm×1mm磁拉西环填料，整个塔体采用导电透明薄膜进行保温。蒸馏釜为1000mL圆底烧瓶，用功率350W的电热碗加热。塔顶装有冷凝器，在填料层的上、下两端各有一个取样装置，其上有温度计套管可插温度计（或铜电阻）测温。塔釜加热量用可控硅调压器调节，塔身保温部分亦用可控硅电压调整器对保温电流大小进行调节，实验装置如图3所示。

【预习与思考】

1. 何谓正系统、负系统？正负系统对填料塔的效率有何影响？

2. 从工程角度出发，讨论研究正、负系统对填料塔效率的影响有何意义？

3. 本实验通过怎样的方法，得出负系统的HETP大于正系统的HETP？

4. 设计一个实验方案，包括如何做正系统与负系统的实验，如何配制溶液（假定含85%（质）甲酸的水溶液500mL，约610g）。

5. 为什么水–甲酸系统的$y–x$图中，共沸点的左边为正系统，右边为负系统？

6. 估计一下正、负系统范围内塔顶、塔釜的浓度。

7. 操作中要注意哪些问题？

8. 提出分析样品甲酸含量的方案。

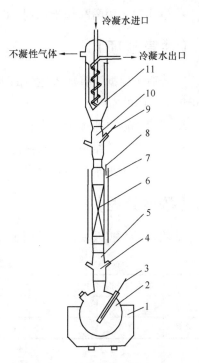

图3　填料塔分离效率
实验装置图

1—电热包；2—蒸馏釜；3—釜温度计；4—塔底取样段温度计；5—塔底取样装置；6—填料塔；7—保温夹套；8—保温温度计；9—塔顶取样装置；10—塔顶取样段温度计；11—冷凝器

【实验步骤与方法】

测量填料层高度，实验分别在正系统与负系统的范围下进行，其步骤如下：

1. 正系统：取85%（质）的甲酸–水溶液，略加一些水，使入釜的甲酸–水溶液既处在正系统范围，又更接近共沸组成，使画理论板时不至于集中于图的左端。

2. 将配制的甲酸–水溶液加入塔釜，并加入沸石，检查系统的密闭性。

3. 打开冷却水，开启塔釜加热器，由调压器控制塔釜的加热量与塔身的保温电流。

4. 本实验为全回流操作，待操作稳定后，可用长针头注射器在上、下两个取样口同时取样分析。

5. 待正系统实验纪束后，按计算再加入一些水，使之进入负系统浓度范围，但加水量不宜过多，造成水的浓度过高，以画理论板时集中于图的右端。

6. 为保持正、负系统在相同的操作条件下进行实验，则应保持塔釜加热电压不变，塔身保温电流不变；以及塔顶冷却水量不变。

7. 同步骤4，待操作稳定后，取样分析。

8. 实验结束，关闭电源及冷却水，待釜液冷却后倒入废液桶中。

9. 本实验采用酚酞作指示剂，0.1mol/L NaOH 标准溶液滴定分析。

【注意事项】

1. 步骤1 根据计算加入适量的水，使系统处于正系统又接近共沸组成，画理论板时不至于集中于图的左端；

2. 塔身保温电流逐渐增大；

3. 正系统实验结束后，料液冷却至100℃下再加水；

4. 步骤5 中加水量不宜过多，造成水的浓度过高，避免画理论板时集中在图的右端。

【数据处理】

1. 将实验数据及实验结果列于表2、表3 中。

表2　实验过程数据记录表

	加水量/mL	加热电压/V	釜温/℃	保温电压/V	塔身温度/℃	塔顶温度/℃	填料高度/cm
正系统							
负系统							

表3　实验过程分析数据记录表

	正系统		负系统	
	塔顶	塔釜	塔顶	塔釜
称量瓶重/g				
样品 + 称量瓶重/g				
样品/g				
NaOH 滴定管初读数/mL				
NaOH 滴定管初读数/mL				
NaOH 用量/mL				

2. 根据水 – 甲酸系统的汽液平衡数据，作出水 – 甲酸系统的 y – x 图；

3. 在图上画出全回流时正、负系统的理论板数；

4. 求出正、负系统相应的 HETP。

【实验结果讨论】

1. 比较正、负系统等板高度（HETP）的差异，并说明原因。

2. 实验中，塔釜加热量的控制有何要求，为什么？

3. 实验中，塔身保温控制有何要求，为什么？

4. 分析实验中可能出现的误差，并说明如何避免人为误差。

实验二 液－液传质系数的测定

【实验目的】

1. 掌握用刘易斯池测定液－液传质系数的实验方法；
2. 测定醋酸在水与醋酸乙酯中的传质系数；
3. 探讨流动情况、物系性质对液－液界面传质的影响机理。

【实验原理】

实际萃取设备效率的高低，以及怎样才能提高其效率，是人们十分关心的问题。为了解决这些问题，必须研究影响传质速率的因素和规律，并探讨传质过程的机理。

近几十年来，人们虽已对两相接触界面的动力学状态，物质通过界面的传递机理和相界面对传递过程的阻力等问题进行了研究，但由于液－液间传质过程的复杂性，许多问题还没有得到满意的解答，有些工程问题不得不借助于实验的方法或凭经验进行处理。

工业设备中，常将一种液相以滴状分散于另一液相中进行萃取。但当流体流经填料、筛板等内部构件时，会引起两相高度的分散和强烈的湍动，传质过程和分子扩散变得复杂，再加上液滴的凝聚与分散，流体的轴向返混等问题影响传质速率的主要因素，如两相实际接触面积、传质推动力都难以确定。因此，在实验研究中，常将过程进行分解，采用理想化和模拟的方法进行处理。1954 年刘易斯（Lewis）提出用一个恒定界面的容器，研究液－液传质的方法，它能在给定界面面积的情况下，分别控制两相的搅拌强度，以造成一个相内全混，界面无返混的理想流动状况，因而不仅明显地改善了设备内流体力学条件及相际接触状况，而且不存在因液滴的形成与凝聚而造成端效应的麻烦。本实验即采用改进型的刘易斯池[2][3]进行实验。由于刘易斯池具有恒定界面的特点，当实验在给定搅拌速度及恒定的温度时，测定两相浓度随时间的变化关系，就可借助物料衡算及速率方程获得传质系数。

$$\frac{V_W}{A} \cdot \frac{dC_W}{dt} = K_W(C_W^* - C_W) \tag{1}$$

$$-\frac{V_O}{A} \cdot \frac{dC_O}{dt} = K_O(C_O - C_O^*) \tag{2}$$

式中　A——两相接触面积，m^2；

$\quad C_W$——水相中溶质浓度；

$\quad K$——总传质系数；

$\quad t$——时间；

$\quad V_W$——水相体积，m^3；

V_O——有机相体积，m^3；

下标 O——有机相；

下标 W——水相；

C_W^*——与有机相成平衡时水相溶质的浓度；

C_O^*——与水相成平衡的有机相溶质的浓度。

上两式中的 $\dfrac{dC}{dt}$ 值可将实验数据进行曲线拟合然后求导数取得。

若溶质在两相的平衡分配系数 m 可近似地取为常数，则

$$C_W^* = \frac{C_O}{m}, \quad C_O^* = mC_W \tag{3}$$

式中　m——平衡分配系数，无因次量；

若将实验系统达平衡时的水相浓度 C_W^e 和有机相浓度 C_O^e 替换式（1）、式（2）中的 C_W^* 和 C_O^*，则对上两式积分可推出下面的积分式：

$$K_W = -\frac{V_W}{At}\int_{C_W(0)}^{C_W(t)}\frac{dC_W}{C_W^e - C_W} = -\frac{V_W}{At}\ln\frac{C_W^e(t) - C_W(t)}{C_W^e(0) - C_W(0)} \tag{4}$$

$$K_O = \frac{V_O}{At}\int_{C_O(0)}^{C_O(t)}\frac{dC_O}{C_O^e - C_O} = -\frac{V_O}{At}\ln\frac{C_O(t) - C_O^e(t)}{C_O(0) - C_O^e(t)} \tag{5}$$

式中　A——两相接触面积，m^2；

　　　C——溶质浓度；

　　　K——总传质系数；

　　　m——平衡分配系数，无因次量；

　　　t——时间，S；

　　　V_W——水相体积，m^3；

　　　V_O——有机相体积，m^3；

下标 O——有机相；

下标 W——水相。

以 $\ln\dfrac{C_W^e(t) - C_W(t)}{C_W^e(0) - C_W(0)}$ 和 $\ln\dfrac{C_O(t) - C_O^e(t)}{C_O(0) - C_O^e(t)}$ 对 t 作图从斜率可获得传质系数。

求得传质系数后，就可讨论流动情况，物系性质等对传质速率的影响。由于液-液相际的传质远比气-液相际的传质复杂，若用双膜模型处理液-液相的传质，可假定：①界面是静止不动的，在相界面上没有传质阻力，且两相呈平衡状态；②紧靠界面两侧是两层滞流液膜；③传质阻力是由界面两侧的两层阻力叠加而成；④溶质靠分子扩散进行传递。但结果常出现较大的偏差，这是由于实际上相界面往往是不平静的，除了主流体中的旋涡分量时常会冲到界面上外，有时还因为流体流动的不稳定，界面本身也会产生骚动而使传质速率增加好多倍。另外有微量的表面活性物质的存在又可使传质速率减少。关于产生界面现象和界面不稳定的原因大致分为：

（1）界面张力梯度导致的不稳定性。在相界面上由于浓度的不完全均匀，因此界面张力也有差异。这样，界面附近的流体就开始从张力低的区域向张力较高的区域运动，正是界面附近界面张力的随机变化导致相界面上发生强烈的旋涡现象。这种现象称为 Marangoni 效应。根据物系的性质和操作条件的不同，又可分为规则型和不规则型界面运动。前者与静止的液体性质有关，又称 Marangoni 不稳定性。后者与液体的流动或强制对流有关，又称瞬时骚动。

（2）密度梯度引起的不稳定性。除了界面张力会导致流体的不稳定性外，一定条件下密度梯度的存在，界面处的流体在重力场的作用下也会产生不稳定，即所谓的 Taylar 不稳定。这种现象对界面张力导致的界面对流有很大的影响。稳定的密度梯度会把界面对流限制在界面附近的区域。而不稳定的密度梯度会产生离开界面的旋涡，并且使它渗入到主体相中去。

（3）表面活性剂的作用。表面活性剂是降低液体界面张力的物质，只要很低的浓度，它就会积聚在相界面上，使界面张力下降，造成物系的界面张力与溶质浓度的关系比较小，或者几乎没有什么关系，这样就可抑制界面不稳定性的发展，制止界面湍动。另外，表面活性剂在界面处形成吸附层时，会产生附加的传质阻力，减小传质系数。

【预习与思考】

（1）为何要研究液 – 液传质系数？

（2）理想化液 – 液传质系数实验装置有何特点？

（3）由刘易斯池测定的液 – 液传质系数用到实际工业设备设计还应考虑哪些因素？

（4）物系性质对液 – 液传质系数是如何影响的？

（5）根据物性数据表，确定醋酸向哪一方向的传递会产生界面湍动，说明原因。

（6）了解实验目的，明确实验步骤，制定实验计划。

（7）设计原始数据记录表。

【实验装置及流程】

实验所用的刘易斯池，如图 1 所示。它是由一段内径为 0.1m，高为 0.12m，壁厚为 8×10^{-3}m 的玻璃圆筒构成。池内体积约为 900mL，用一块聚四氟乙烯制成的界面环（环上每个小孔的面积为 $3.8\,cm^2$），把池隔成大致等体积的两隔室。每隔室的中间部位装有互相独立的六叶搅拌桨，在搅拌桨的四周各装设六叶垂直挡板，其作用在于防止在较高的搅拌强度下造成界面的扰动。两搅拌桨由一直流侍服电机通过皮带轮驱动。一光电传感器监测着搅拌桨的转速，并装有可控硅调速装置，可方便地调整转速。两液相的加料经高位槽注入池内，取样通过上法兰的取样口进行。另设恒温夹套，以调节和控制池内两相的温度，为防止取样后实际传质界面发生变化，在池的下端配有一升降台，以随时调节液 – 液界面处于界面环中线处。

实验流程如图 2 所示。

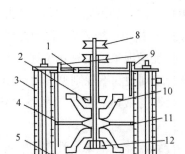

图1 刘易斯池简图

1—进料口；2—上搅拌桨；3—夹套；
4—玻璃筒；5—出料口；6—恒温水接
口；7—衬垫；8—皮带轮；9—取样口；
10—垂直挡板；11—界面杯；12—搅拌
桨；13—拉杆；14—法兰

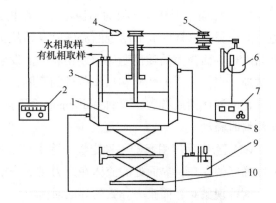

图2 液–液传质系数实验流程简图

1—刘易斯池；2—测速仪；3—恒温夹套；4—光电
传感器；5—传动装置；6—直流电机；7—调速器；
8—搅拌桨；9—恒温槽；10—升降台

【实验步骤与方法】

本实验所用的物系为水–醋酸–乙酸乙酯。有关该系统的物性数据和平衡数据列于表
1、表2中。

表1 纯物系性质表

物　系	$\mu \times 10^5 / Pa \cdot s$	$\sigma / N \cdot m^{-1}$	$\rho / kg \cdot m^{-3}$	$D \times 10^9 / m^2 \cdot s^{-1}$
水	100.42	72.67	997.1	1.346
醋酸	130.0	23.90	1049	
乙酸乙酯	48.0	24.18	901	3.69

表2 25℃醋酸在水相与酯相中的平衡浓度（质量分数）　　　　　　　　%

酯相	0.0	2.50	5.77	7.63	10.17	14.26	17.73
水相	0.0	2.90	6.12	7.95	10.13	13.82	17.25

实验时应注意以下几个方面：

（1）装置在安装前，先用丙酮清洗池内各个部位，以防表面活性剂污染了系统。

（2）将恒温槽温度调整到实验所需的温度。

（3）加料时，不要将两相的位置颠倒，即较重的一相先加入，然后调节界面环中心线
的位置与液面重合，再加入第二相。第二相加入时应避免产生界面骚动。

（4）启动搅拌桨约30min，使两相互相饱和，然后由高位槽加入一定量的醋酸。因溶
质传递是从不平衡到平衡的过程，所以当溶质加完后就应开始计时。

（5）溶质加入前，应预先调节好实验所需的转速，以保证整个过程处于同一流动条

件下。

（6）各相浓度按一定的时间间隔同时取样分析。开始应 $3 \sim 5\min$ 取样一次，以后可逐渐延长时间间隔，当取了 $8 \sim 10$ 个点的实验数据以后，实验结束，停止搅拌，放出池中液体，洗净待用。

（7）实验中各相浓度，可用 NaOH 标准溶液分析滴定醋酸含量。

以醋酸为溶质，由一相向另一相传递的萃取实验可进行以下内容：

（1）测定各相浓度随时间的变化关系，求取传质系数。

（2）改变搅拌强度，测定传质系数，关联搅拌速度与传质系数的关系。

（3）进行系统污染前后传质系数的测定，并对污染前后实验数据进行比较，解释系统污染对传质的影响。

（4）改变传质方向，探讨界面湍动对传质系数的影响程度。

（5）改变相应的实验参数或条件，重复以上（2）、（3）、（4）的实验步骤。

【实验数据处理】

（1）将实验结果列表，并标绘 C_0、C_W 对 t 的关系图；

（2）根据实验测定的数据，计算传质系数 K_W, K_0；

（3）将传质系数 $K_W \sim t$ 或 $K_0 \sim t$ 作图。

【结果与讨论】

（1）讨论测定液－液传质系数的意义。

（2）讨论界面湍动对传质系数的影响。

（3）讨论搅拌速度与传质系数的关系。

（4）解释系统污染对传质系数的影响。

（5）分析实验误差的来源。

（6）提出实验装置的修改意见。

实验三　催化反应精馏制甲缩醛实验

【实验目的】

1. 了解反应精馏的原理和特点，增强工艺与工程相结合的观念。
2. 掌握反应精馏装置的操作控制方法，明确其主要影响因素。

【实验原理】

本实验是以甲醛和甲醇为原料，在硫酸的催化下合成甲缩醛。

其反应式为：

$$2CH_3OH + CH_2O \xlongequal{\quad\quad} C_3H_6O + 2H_2O$$

该反应具有如下特点：

1）可逆放热。

2）反应物系中各组分相对挥发度的大小次序为

$$\alpha_{甲缩醛} > \alpha_{甲醇} > \alpha_{甲醛} > \alpha_{水}$$

由于反应为可逆过程，受平衡转化率的限制，若采用传统的制备方法，存在如下问题：

1）转化率低，只能达到60%左右。

2）必须使用高浓度的甲醛为原料，即质量浓度 >38% 的甲醛溶液。

3）未反应的稀甲醛回收困难且设备腐蚀问题严重。

为解决这些问题，根据甲缩醛合成反应的第2个特点，利用反应物与主、副产物之间相对挥发度的差异，开发了反应精馏法制备甲缩醛的新工艺，利用精馏的作用，将产物及时移出反应区，提高反应的平衡转化率，同时，在塔顶获得高纯度的甲缩醛产品。此外，采用反应精馏还有如下优点：

1）反应热可用作精馏的能源，降低能耗。

2）反应分离同步进行，可节省设备费用和操作费用。

3）用精馏的提浓作用，可放宽反应对原料甲醛的浓度要求。

【实验装置及流程】

1. 设备特点

反应精馏法制备甲缩醛是典型的工程与工艺结合的专业实验，其装置如图1所示。以甲醇和甲缩醛为反应原料，硫酸为催化剂，在常压下通过反应精馏法制备甲缩醛，考察回流比，催化剂浓度，甲醛浓度，塔顶出料等因素对甲缩醛收率的影响。用气相色谱热导池检测法分析产物含量。实验中使用蠕动泵恒定进料，调压电热碗加热，通过时间分配器和磁铁摆针调节回流比，提高实验可靠性。

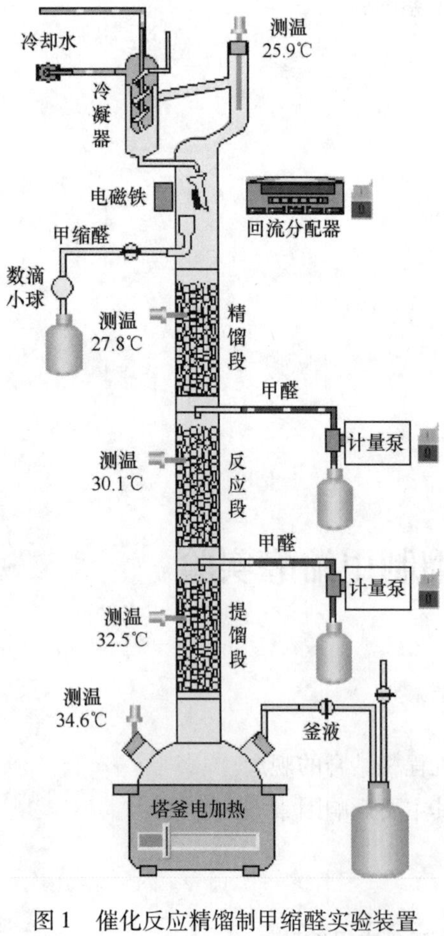

2. 设备主要部件

（1）反应精馏塔：从上而下依次是精馏段、反应段、提馏段，全塔为带夹套玻璃塔，塔内径为25mm，塔高约2400mm，内装 ϕ3mm 的玻璃

图1　催化反应精馏制甲缩醛实验装置

弹簧填料；

（2）塔釜：2000mL 的四口烧瓶；

（3）冷凝头：玻璃蛇形冷凝器；

（4）电热碗：规格为 2000mL 的电加热碗；

（5）调压器：调节输出电压，控制塔釜加热量；

（6）温度显示仪：用 5 台热电偶温度显示仪依次显示塔顶、精馏段、反应段、提馏段、塔釜的真实温度；

（7）蠕动计量泵：2 台，通过调节电机转速来控制原料的加入量，使用前需进行流量校正；

（8）时间分配器：通过时间分配器设定回流与采出的时间，控制回流比；

（9）磁铁摆针：受时间分配器控制，摆针受磁力作用左右摆动，实现塔顶冷凝液的采出与回流。

【操作要点及注意事项】

（一）实验要求

以产品甲缩醛的收率和纯度为实验指标，考察回流比、甲醛浓度、催化剂浓度、塔顶量（D）等因素对实验指标的影响。

1. 实验内容及条件

表 1 中提供了 5 套（每套 2 组）实验条件，请任选一套实验，并根据规定的条件开展实验。

表 1 实验安排表

序号	甲醛进料	回流比	催化剂	甲醛浓度	醇：醛	塔顶采出
1 套	3～4	3	1	19	3：1	1.0～1.5
	3～4	3	1	38	3：1	1.0～1.5
2 套	3～4	3	1	38	3：1	1.0～1.5
	3～4	3	2	38	3：1	1.0～1.5
3 套	3～4	3	1	38	2：1	1.0～1.5
	3～4	3	2	38	4：1	1.0～1.5
4 套	3～4	2	1	38	3：1	1.0～1.5
	3～4	4	2	38	3：1	1.0～1.5
5 套	3～4	3	1	38	3：1	1.0～1.5
	3～4	3	1	38	3：1	1.5～2.0

表头说明：

甲醛进料—甲醛溶液的进料速率，g/min；催化剂—以甲醛溶液重量为基准的催化剂浓度，%，甲醛浓度—指进料甲醛的浓度，%；醇：醛—甲醇与甲醛的物质的量之比；塔顶采出—塔顶产品的采出速率，g/min。

2. 药品

浓硫酸，1小瓶；

38%甲醛溶液，2瓶（500mL装）；

纯甲醇，2瓶（500mL装）；

去离子水，1桶。

3. 实验器具

台秤，1台；秒表，1只；500mL、10mL量筒各一个；锥形瓶2只；

色谱分析取样瓶若干只。

4. 准备工作

（1）查阅资料，掌握甲醛的分析方法。

（2）根据实验条件，配制含催化剂的甲醛原料，使浓度满足实验要求。

（3）根据实验条件，计算甲醛的进料流量，g/min。

（4）分别标定甲醇和甲醛进料泵流量，使流量满足实验要求。

（5）准备实验记录本，预先绘制好原始数据记录表，以防数据遗漏。

（二）操作要点

1. 预先将硫酸催化剂按规定的浓度配入甲醛原料中，调节计量泵，分别标定甲醛和甲醇的进料流量；

2. 检查精馏塔进出料系统各管线上的阀门开闭状态是否正常，向塔釜中加入400mL的40%左右的甲醇水溶液；

3. 先开启塔顶冷却水，再开启塔釜加热器，加热量逐步增加，不宜过猛。当塔顶有冷凝液后全回流操作20min；

4. 开始进料，甲醛由反应段的上端加入，甲醇由反应段的下端加入，同时将回流比控制在预定值。观察并记录塔内各点的温度变化，现场测定塔顶出料速度，调节塔釜加热量，使塔顶出料量达到预定值。待温度稳定后，每隔15min取塔顶样品分析组成，共取样2~3次，取其平均值作为实验结果；

5. 按要求改变实验条件，重复步骤4；

6. 实验完成后，停止进料，停止加热，待塔顶不再有回流液时，关闭冷却水。

（三）注意事项

1. 设定时间分配器时，为减小摆针晃动的影响，要求采出时间≥3s；

2. 每次停止加料后应将塔内甲缩醛排尽，以免影响下一次实验，将回流比调为1:1，继续塔顶采出，直至塔顶温度为60℃，关闭回流分配器开关；

3. 实验结束后，将蠕动泵管卡松开，卸下胶管，同时将管内原料倒回瓶中，以免胶管变形或破裂，使蠕动泵头腐蚀。

【分析方法】

1. 色谱分析

色谱柱：内径 2～3mm 不锈钢柱　　　　柱长：2m

担体：60～80 目改性有机载体或上试 402、401 有机载体；

载气：氢气　　　　　　　　　　　　检测器：热导池

柱温：140℃　　　　　　　　　　　　进样器：>150℃

检测器：150℃　　　　　　　　　　　柱前压：0.08MPa 左右

进样量：1～2μL　　　　　　　　　　工作电流：150mA

处理方法：峰面积校正归一法

校正因子（%）（水＋甲醇）为 1，甲缩醛：1.85

各组分出峰时间约为：（水＋甲醇）<0.5min；甲缩醛约 1min。

2. 数据处理的计算方法

1）塔顶采出量的计算：

$$D = F_1 \times \beta$$

2）甲缩醛收率：

$$\varphi = \frac{D \times X_{d1}}{F_1 \times X_{f1}} \times \frac{M_1}{M_0} \times 100\%$$

式中　F_1 ——甲醛进料流率，g/min；

　　　D ——塔顶采出量，g/min；

　　M_1 ——甲缩醛分子量；

　　M_0 ——甲醛分子量；

　　X_{f1} ——进料中甲醛的质量浓度，%；

　　X_{d1} ——塔顶产品中甲缩醛的质量浓度，%；

　　　β ——塔顶采出比（质量比）。

【实验数据处理】

1. 计算产品甲缩醛的收率

2. 绘制全塔温度分布图

3. 列出实验结果如表 2～表 5 所示。

表 2　甲醇进料泵流量校正数据表

No.	刻度	时间/s	体积/mL	流率/（mL/min）
1				
2				

续表

No.	刻度	时间/s	体积/mL	流率/（mL/min）
3				
4				
5				

表3　甲醛进料泵流量校正数据表

No.	刻度	时间/s	体积/mL	流率/（mL/min）
1				
2				
3				
4				
5				

表4　温度记录表

时间	塔顶/℃	精馏段/℃	反应段/℃	提馏段/℃	塔釜/℃

表5　取样记录表

No.	时间	预定采出率/（g/min）	实际采出率/（g/min）	甲缩醛含量/%
1				
2				
3				
4				
5				
6				

【实验结果讨论】

1. 反应精馏塔内的温度分布有何特点，为什么？
2. 要提高产品甲缩醛的收率可采取哪些改进措施？
3. 要提高甲缩醛产品的纯度可采取哪些改进措施？
4. 根据实验现象和结果，讨论反应精馏与普通精馏的异同点。

实验四　液膜分离法脱除废水中的污染物

【实验目的】

1. 掌握液膜分离技术的操作过程；
2. 了解两种不同的液膜传质机理；
3. 用液膜分离技术脱除废水中的污染物。

【实验原理】

液膜分离技术是近三十年来开发的技术，集萃取与反萃取于一个过程中，可以分离浓度比较低的液相体系。此技术已在湿法冶金提取稀土金属、石油化工、生物制品，三废处理等领域得到应用。

液膜分离是将第三种液体展成膜状以分隔另外两相液体，由于液膜的选择性透过，故第一种液体（料液）中的某些成分透过液膜进入第二种液体（接受相），然后将三相各自分开，实现料液中组分的分离。

所谓液膜，即是分隔两液相的第三种液体，它与其余被分隔的两种液体必须完全不互溶或溶解度很小。因此，根据被处理料液为水溶性或油溶性可分别选择油或水溶液作为液膜。根据液膜的形状，可分为乳状液膜和支撑型液膜，本实验为乳状液膜分离醋酸–水溶液。

由于处理的是醋酸废水溶液体系，所以可选用与之不互溶的油性液膜，并选用 NaOH 水溶液作为接受相。这样，先将液膜相与接受相（也称内相）在一定条件下乳化，使之成为稳定的油包水（W/O）型乳状液，然后将此乳状液分散于含醋酸的水溶液中（此处称作为外相）。这样，外相中醋酸以一定的方式透过液膜向内相迁移，并与内相 NaOH 反应生成 NaAc 而被保留在内相，然后乳液与外相分离，经过破乳，得到内相中高浓度的 NaAc，而液膜则可以重复使用。

为了制备稳定的乳状液膜，需要在膜中加入乳化剂，乳化剂的选择可以根据亲水亲油平衡值（HLB）来决定，一般对于 W/O 型乳状液，选择 HLB 值为 3~6 的乳化剂。有时，为了提高液膜强度，也可在膜相中加入一些膜增强剂（一般黏度较高的液体）。

溶质透过液膜的迁移过程，可以根据膜相中是否加入流动载体而分为促进迁移 I 型或促进迁移Ⅱ型传质。

促进迁移Ⅰ型传质，是利用液膜本身对溶质有一定的溶解度，选择性地传递溶质（见图1）。

促进迁移Ⅱ型传质，是在液膜中加入一定的流动载体（通常为此溶质的萃取剂），选择性地与溶质在界面处形成络合物，然后此络合物在浓度梯度的作用下向内相扩散，至内相界面处被内相试剂解络（反萃），解离出溶质载体，溶质进入内相而载体则扩散至外相界面处再与溶质络合。这种形式，更大地提高了液膜的选择性及应用范围（见图2）。

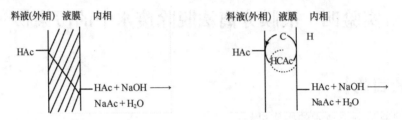

图1 促进迁移Ⅰ型传质示意图　　　图2 促进迁移Ⅱ型传质示意图

综合上述两种传质机理，可以看出，液膜传质过程实际上相当于萃取与反萃取两步过程同时进行：液膜将料液中的溶质萃入膜相，然后扩散至内相界面处，被内相试剂反萃至内相（接受相）。因此，萃取过程中的一些操作条件（如相比等）在此也同样影响液膜传质速率。

【预习与思考】

（1）液膜分离与液 – 液萃取有什么异同？

（2）液膜传质机理有哪几种形式？主要区别在何处？

（3）促进迁移Ⅱ型传质较促进迁移Ⅰ型传质有哪些优势？

（4）液膜分离中乳化剂的作用是什么？其选择依据是什么？

（5）液膜分离操作主要有哪几步？各步的作用是什么？

（6）如何提高乳状液膜的稳定性？

（7）如何提高乳状液膜传质的分离效果？

【实验装置与流程】

实验装置主要包括：可控硅直流调速搅拌器二套；标准搅拌釜两只，小的为制乳时用，大的进行传质实验；砂芯漏斗两只，用于液膜的破乳。

液膜分离的工艺流程如图3所示。

【实验步骤及方法】

（1）实验步骤

本实验为乳状液膜法脱除水溶液中的醋酸，首先需制备液膜。

液膜组成已于实验前配好，分别为以下两种液膜：

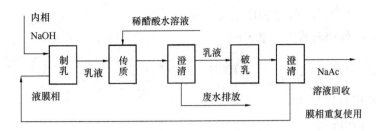

图 3　乳状液膜分离过程示意图

1）液膜 1#，组成：煤油 95%，乳化剂 E644，5%

2）液膜 2#，组成：煤油 90%，乳化剂 E644，5%，TBP（载体），5%。

内相用 2M 的 NaOH 水溶液。采用 HAc 水溶液作为料液进行传质试验，外相 HAc 的初始浓度在实验时测定。

具体步骤如下：

①在制乳搅拌釜中先加入液膜 1#70mL，然后在 1600r/min 的转速下滴加内相 NaOH 水溶液 70mL（约 1min 加完），在此转速下搅拌 15min，待成稳定乳状液后停止搅拌，待用。

②在传质釜中加入待处理的料液 450mL，在约 400r/min 的搅拌速度下加入上述乳液 90mL，进行传质实验，在一定时间下取少量料液进行分析，测定外相 HAc 浓度随时间的变化（取样时间为 2min、5min、8min、12min、16min、20min、25min），并作出外相 HAc 浓度与时间的关系曲线。待外相中所有 HAc 均进入内相后，停止搅拌。放出釜中液体，洗净待用。

③在传质釜中加入 450mL 料液，在搅拌下（与②同样转速）加入小釜中剩余的乳状液（应计量），重复步骤 2。

④比较②，③的实验结果，说明在不同处理比［料液（V）/乳液（V）］下传质速率的差别，并分析其原因。

⑤用液膜 2# 膜相，重复上述步骤①~④。注意，两次传质的乳液量应分别与②、③步的用量相同。

⑥分析比较不同液膜组成的传质速率，并分析其原因。

⑦收集经沉降澄清后的上层乳液，采用砂芯漏斗抽滤破乳，破乳得到的膜相返回至制乳工序，内相 NaAc 进一步精制回收。

（2）分析方法：

本实验采用酸碱滴定法测定外相中的 HAc 浓度，以酚酞作为指示剂显示滴定终点。

【实验数据处理】

（1）外相中 HAc 浓度

$$C_{HAc} = \frac{C_{NaOH} \cdot V_{NaOH}}{V_{HAc}}$$

式中　C_{NaOH}——标准 NaOH 溶液的浓度，mol/L；

V_{NaOH}——标准 NaOH 溶液滴定量，mL；

V_{HAc}——外相料液取样量，mL。

（2）醋酸脱除率 $\eta = \dfrac{C_0 - C_t}{C_0} \times 100\%$

式中　C——外相 HAc 浓度；

下标 0——初始值；

下标 t——瞬时值。

实验五　催化反应精馏法制乙酸乙酯

【实验目的】

1. 了解反应精馏是既服从质量作用定律又服从相平衡规律的复杂过程；
2. 掌握反应精馏的操作；
3. 能进行全塔物料衡算和塔操作的过程分析；
4. 了解反应精馏与常规精馏的区别；
5. 学会分析塔内物料组成。

【实验原理】

反应精馏过程不同于一般精馏，它既有精馏的物理相变之传递现象，又有物质变性的化学反应现象。两者同时存在，相互影响，使过程更加复杂。因此，反应精馏对下列两种情况特别适用：①可逆平衡反应。一般情况下，反应受平衡影响，转化率只能维持在平衡转化的水平；但是，若生成物中有低沸点或高沸点物质存在，则精馏过程可使其连续地从系统中排出，结果超过平衡转化率，大大提高了效率。②异构体混合物分离。通常因为它们的沸点接近，靠精馏方法不易分离提纯，若异构体中某组分能发生化学反应并能生成沸点不同的物质，这时可在过程中得以分离。

对醇酸酯化反应来说，适于第一种情况。但该反应速度非常缓慢，故一般都用催化反应方式。本实验是以醋酸和乙醇为原料，在硫酸催化下生成醋酸乙酯的可逆反应。反应的化学方程式为：

$$CH_3COOH + C_2H_5OH \longrightarrow CH_3COOC_2H_5 + H_2O$$

【实验装置及流程】

实验装置如图 1 所示。

1. 间歇操作流程

（1）将乙醇、乙酸各 100mL，浓硫酸几滴倒入塔釜内，开启塔顶冷凝水，开启釜加热系统，开启塔身保温电源。

（2）当塔顶摆锤上有液体出现时，进行全回流操作15min后，设定回流比为3∶1，开启回流比控制电源。

（3）30min后，用微量注射器在塔身五个不同部位取样，应尽量保证同步。

（4）分别将0.5μL样品注入色谱分析仪，记录数据，注射器用后应用蒸馏水或丙酮洗清，以备后用。

（5）重复（3）、（4）步操作。

（6）关闭塔釜及塔身加热电源，当不再有液体流回塔釜时，取塔顶馏出液和塔釜残留液称重，对馏出液及釜残液进行称重和色谱分析。

（7）关闭冷凝水及总电源。

2. 连续操作流程

（1）向釜内加入150mL已知组成的釜液，开启塔顶冷凝水，开启釜加热系统和塔身保温电源，升温直至塔顶有蒸汽并有回流液出现。

（2）从塔的上部侧口以40mL/h的速度加入配制好的带几滴浓硫酸的乙酸原料。

（3）从塔的下部侧口以40mL/h的速度加入无水乙醇原料。

（4）经15min全回流后，开启部分回流操作，维持一定的回流比，稳定1h后称取塔顶馏出物的重量，并分析塔顶、塔釜及各侧口的组成。

（5）关闭塔釜及塔身加热电源，关闭冷凝水，停止实验。

【实验数据处理】

1. 30min时，塔内不同高度处各物质组成，填表1。

2. 60min时，塔内不同高度处各物质组成，填表2。

3. 反应停止后质量：塔顶冷凝液_____g，塔釜残液_____g，填表3。

4. 塔内不同时间物料随塔高的分布曲线。

5. 求乙醇和乙酸的转化率及乙酸乙酯总收率。

6. 结果分析与讨论。

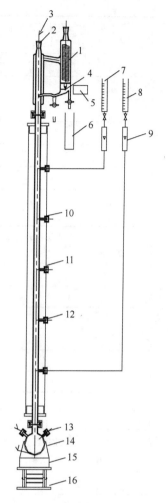

图1　催化反应精馏法制乙酸乙酯实验装置

1—冷却水；2—塔头；3—热电偶；
4—摆锤；5—电磁铁；6—收集量管；
7—乙酸计量管；8—乙醇及催化剂计
量管；9—转子流量计；10—取样口
S_1；11—取样口 S_2；12—取样口 S_3；
13—进料口；14—塔釜；15—加热
包；16—升降台

表1　30min 时塔内物质组成

质量百分含量　高度	水/%	乙醇/%	乙酸乙酯/%

表2　60min 时塔内物质组成

质量百分含量　高度	水/%	乙醇/%	乙酸乙酯/%

表3　反应终止后塔顶和塔釜的物质组成

质量百分含量　高度	水/%	乙醇/%	乙酸/%	乙酸乙酯/%
塔顶				
塔釜				

第七章 高分子物理实验

实验一 乌氏黏度计测定聚合物的相对分子质量

【实验目的】

1. 掌握黏度法测定聚合物相对分子质量的基本原理。
2. 掌握用乌氏黏度计测定聚合物稀溶液黏度的实验技术及数据处理方法。
3. 分析相对分子质量大小对聚合物性能以及聚合物加工性能的关系及影响

【实验内容和原理】

黏度是高聚物在稀溶液中流动过程中所产生的内摩擦的反应，它主要是溶液分子间的摩擦、高聚物分子间的内摩擦、高聚物分子与溶剂分子间的内摩擦。三种摩擦总和称为高聚物溶液的黏度 η。

$$[\eta] = KM_\eta^\alpha \tag{1}$$

在 25℃时，聚乙烯醇水溶液 $K = 2 \times 10^{-2}$，$\alpha = 0.76$。对于无限稀释的条件下，

$$[\eta] = \lim_{c \to 0} \frac{\ln\eta_\gamma}{c} = \lim_{c \to 0} \frac{\eta_{sp}}{c} \tag{2}$$

$$\eta_r = t/t_0$$

式中 η_r——相对黏度；

　　t——溶液流出时间；

　　t_0——溶剂流出时间。

用 $\ln\eta_r/c$ 对 c 的图外推和用 η_{sp}/c 对 c 的图外推可得到共同的截矩——特性黏度 $[\eta]$，如图 1 所示。

【主要仪器设备及原料】

1. 主要仪器

乌氏黏度计、恒温水槽、洗耳球、容量瓶、移液管、秒表

2. 主要原料

聚乙烯醇溶液等。

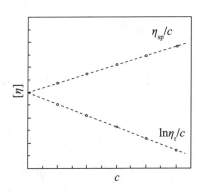

图 1　$\ln\eta_r/c$ 和 η_{sp}/c 对 c 作图

【操作方法及实验步骤】

1. 温度调至 25℃，安装黏度计垂直在水浴中。

2. 溶剂流出时间 t_0 的测定。

移取 10mL 水放入黏度计中，待恒温后，将洗液吸入 1 球，当液面到达 a 时，开表计时，当液面到达 b 时停表，重复 2 次，每次相差小于 0.2s，取其平均值。

3. 溶液流出时间 t 的测定。

移取 10mL 聚乙烯醇放入黏度计中，反复混合后，测定 $c' = 1/2$ 的流出时间 t_1，然后再依次加入 10mL 蒸馏水稀释成浓度为 1/3，1/4，1/5 的溶液，分别测出 t_2，t_3，t_4。

【数据处理】

| | | 流出时间 | | | | η_r | η_{sp} | η_{sp}/c' | $\ln\eta_r$ | $\ln\eta_r/c'$ |
		t_1	t_2	t_3	均值					
溶剂										
溶液 c'	1/2									
	1/3									
	1/4									
	1/5									

根据实验数据以 η_{sp}/c、$\ln\eta_r/c$ 对浓度 c 作图，得两条直线，外推至 $c \to 0$ 得截距。经换算，就得特性黏度 $[\eta]$，将 $[\eta]$ 代入式（1），即可换算出聚合物的相对分子质量 M_η。

【实验报告】

1. 简述实验原理。
2. 明确操作步骤和注意事项。
3. 按照步骤五进行数据分析。

【注意事项】

1. 测定黏度时黏度计一要垂直，二要放入恒温槽内。
2. 用洗耳球吸溶液时要注意不能产生气泡，如果有气泡要消除后再进行流出时间的测定。

实验二　聚乙烯的挤出成型实验

【实验目的】

1. 了解高分子材料挤出加工的原理；
2. 了解高分子材料挤出加工的过程；
3. 以聚乙烯为代表，熟悉高分子材料的挤出操作。

【实验内容和原理】

挤出成型工艺特点：

1. 连续成型，产量大，生产效率高；
2. 制品外形简单，是断面形状不变的连续型材。制品质量均匀密实，尺寸准确较好。适应性很强；
3. 几乎适合除了 PTFE 外所有的热塑性塑料。只要改变机头口模，就可改变制品形状；
4. 可用来塑化、造粒、染色、共混改性，也可同其他方法混合成型。此外，还可作压延成型的供料。

挤出成型的基本原理：

1. 塑化：在挤出机内将固体塑料加热并依靠塑料之间的内摩擦热使其成为粘流态物料。
2. 成型：在挤出机螺杆的旋转推挤作用下，通过具有一定形状的口模，使粘流态物料成为连续的型材。
3. 定型：用适当的方法，使挤出的连续型材冷却定型为制品。

【主要仪器设备及原料】

1. 主要仪器：挤压机
2. 主要原料：聚乙烯或聚丙烯

【操作方法和实验步骤】

1. 启动总电源；
2. 调节设备每个区域温度，等待升温；
3. 根据设备说明依次打开不同开关；
4. 装填原料；
5. 控制挤出的过程，并且使挤出高分子冷却成型；
6. 检查原料是否完全挤出，每次实验完成后尽量不要有原料的积存；

7. 挤出实验完成后将设备按照开关打开的顺序进行关闭；

8. 清理设备，整个实验完成。

注意事项：

1. 注意每次挤出实验完成后不要有原料积存；

2. 在挤出实验进行时，要注意挤出的速度，并且挤出形状，给其一个力，使其挤出形状均匀。

【实验报告】

1. 简述实验原理。

2. 明确操作步骤和注意事项。

3. 每三个人一个小组，练习挤出的过程，并且测量 20 处的挤出聚乙烯样品的半径，判断挤出工艺是否受力均匀，做好原始记录，并且讨论原因，并完成实验报告。

【思考题】

影响挤出实验均匀性的影响因素有哪些？

实验三　偏光显微镜法观测聚合物的球晶生长

【实验目的】

1. 了解偏光显微镜的原理、结构及使用方法；

2. 了解双折射体在偏光场中的光学效应及球晶黑十字消光图案的形成原理。

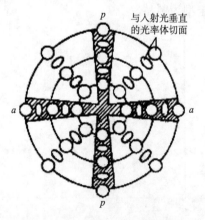

图 1　正交偏光场中球晶的偏光干涉

【实验内容和原理】

球晶是聚合物中最常见的结晶形态，大部分由聚合物熔体和浓溶液生成的结晶形态都是球晶。球晶是以核为中心对称向外生长而成的。在生长过程中不遇到阻碍时可形成球形晶体；如在生长过程中球晶之间相碰则在相遇处形成界面而成为多面体（二维空间观察为多边形）。

影响球晶尺寸的因素有冷却速度、结晶温度、成核剂等因素。

球晶在偏光显微镜下可以看到黑十字消光图案。

黑十字消光原理：如图 1 所示，pp 为通过其偏镜后的光线的偏振方向，aa 为检偏镜的偏振方向。在球晶中，b 轴为半径方向，c 轴为光轴，当 c 轴与光波方向传播方向一致时，光率体切面为一个圆，当 c 轴与光率体切面相交时为一椭圆。在正交偏光片之间，光线通过检偏镜后只存在 pp 方向上的偏振光，当这一偏振光进入球晶后，由于在 pp 和 aa 方向上的晶体光率体切面的两个轴分别平行于 pp 和 aa 方向，光线通过球晶后不改变振动方向，因此通过球晶后不改变振动方向，因此不能通过检偏镜，呈黑暗。而介于 pp 和 aa 之间的区域由于光率体切面的两个轴与 pp 和 aa 方向斜交，pp 振动方向的光进入球晶后由于光振动在 aa 方向上的分量，因此这四个区域变得明亮，聚乙烯球晶在偏光显微镜下还呈现一系列的同心消光圆环，这是由于在聚乙烯球晶中晶片是螺旋形的。即 a 轴与 c 轴在与 b 轴垂直的方向上转动，而 c 轴又是光轴，即使在四个明亮区域中的光率体切面也周期性地呈现圆形而造成消光。

【主要仪器设备及原料】

偏光显微镜、聚丙烯熔体结晶试样（慢冷和自然冷）。

【操作方法和实验步骤】

1. 熔体结晶

将加热台的温度调整到230℃左右，在加热台上放上载玻片，并将一小颗聚丙烯试样放在载玻片上，盖上盖玻片，熔融后用镊子小心地压成薄膜状。做两块同样的试样，做好后保温片刻，将其中的一片取出放在石棉板上以较快的速度冷却，另一片放在已升温至230℃左右的马弗炉内并关掉加热电源，以较慢的速度冷却待用。

2. 偏光显微镜观察

在显微镜上装上物镜和目镜，打开照明电源，推入检偏镜，调整起偏镜角度至正交位置。

将聚丙烯熔体（慢冷）试样置于载物台中心，调焦至图像清晰。

聚丙烯熔体（自然冷）熔体结晶的样品进行同样观察。

3. 球晶直径的测量

用物镜测微尺对目镜测微尺进行校正。将物镜测微尺放在载物台上，采用与观察试样时相同的物镜与目镜进行调焦观察，并将物镜测微尺与目镜测微尺在视野中调至平行或重叠，如测得目镜测微尺的 N 格与物镜测微尺的 X 格重合，则目镜测微尺上每格代表的真正长度 D 为：

$$D = 0.01X/N \text{（mm）}$$

移动视野，选择球晶形状较规则、数量较多的区域进行测量，然后寻找另一个视野，重复测量。

【实验报告】

1. 简述实验原理。

2. 明确操作步骤和注意事项。

3. 记录原始数据（表1）。

表1　聚丙烯熔体的球晶尺寸

序号	1	2	3	4	5	6	7	8	9	10
目镜测微尺格数 N										
球晶直径 d/mm										
平均直径 d_0/mm										

【注意事项】

调焦时，应先使物镜接近样片，仅留一窄缝（不要碰到），然后一边从目镜中观察一边调焦（调节方向务必使物镜离开样片）至清晰。

【思考题】

为什么冷却方式不同会产生不同的结晶方式？

实验四　熔融指数测定

【实验目的】

1. 掌握熔融指数测定仪的使用方法；
2. 掌握熔体质量流动速率计算方法。

【实验内容和原理】

熔体流动速率仪是塑料挤出仪器。它是在规定温度条件下，用高温加热炉使被测物达熔融状态。这种熔融状态的被测物，在规定的负荷下通过一定直径的小孔进行挤出试验。在塑料生产中，常用熔融指数来表示高分子材料在熔融状态下的流动性、黏度等物理性能，所谓熔体质量流动速率就是指挤出的各段试样的平均重量折算为10min的挤出量。单位（g/10min），用MFR表示。

【主要仪器设备及原料】

1. 主要仪器：熔融指数测定仪

（1）主机（含料筒1个、导向套1个）一台

（2）附件箱一

①活塞杆1个；②口模 ϕ2.095mm1个；③水平仪1个；④清洗杆1个；⑤加料顶杆1个；⑥口模清理棒1个；⑦刮刀片1个；

（3）附件箱二

1）组合砝码1套：

①砝码托盘；②砝码盖；③600g 砝码 1 个；④875g 砝码 1 个；⑤960g 砝码 1 个；⑥1000g砝码 1 个；⑦1200g 砝码 1 个；⑧1640g 砝码 1 个；⑨2000g 砝码 8 个；

2）装料漏斗 1 个；

（4）小镜子　一个

（5）电源线　一根及专用把手一个

2. 主要原料：所用聚合物为聚苯乙烯

【操作方法和实验步骤】

1. 打开电源，设置温度、切样时间间隔和切割次数，等待升温，测试样前，保证料筒恒温 >15min；

2. 根据预先估计的流动速率，称取 3~8g 试样；

3. 准备好纱布、镊子、抹布和口模清洁杆；

4. 温度恒定后用漏斗将称取的试样装入料筒，并手持活塞压实样料，此过程在 1min 内完成。

5. 等待 4min 后，温度应恢复到选定的温度，此时应把选定的负荷加到活塞上；活塞在重力的作用下下降，直至挤出没有气泡的细条；

6. 预切并开始计时，按设定的时间间隔自动切割，每条切段的长度最好在10~20mm；

7. 切割结束后迅速把口模和余料压出，趁热迅速清洁口模，并用纱布清洗料筒内膛；

8. 切段冷却后，注意称量，准确到1mg，计算平均质量。

【数据的处理】

用公式（1）计算熔体质量流动速率（MFR）值，单位为 g/10min

$$\text{MFR}(\theta, m_{\text{nom}}) = t_{\text{ref.}} \, m/t \tag{1}$$

式中　θ——试验温度,℃；

m_{nom}——标称负荷，kg；

m——切段的平均质量，g；

t——切样时间间隔，s；

t_{ref}——参比时间（10min），s（600s）。

【实验报告】

1. 简述实验原理；

2. 明确操作步骤和注意事项；

3. 试样的详细说明，包括装入料筒时的物理性状；

4. 状态调节的详细说明；

5. 稳定化处理的详细说明；

6. 试验中所用的温度、切割时间间隔、切断质量和负荷；

7. 熔体质量流动速率，g/10min，结果取两位有效数字。当获得多个测定值时，应报告所有单个测定值；

8. 报告试样的任何异常情况，例如变色、发黏、挤出物扭曲或流动速率的异常变化。

9. 试样日期。

【注意事项】

1. 只要能装入料筒内腔，试样可为任何形状，如粉料、粒料或薄膜碎片等，试验前应按照材料规格标准，对材料进行状态调节，必要时，还应进行稳定化处理。单相电源必须可靠接地。

2. 确认试验结果后，仪器依然恒温，试验员可连续试验。

3. 仪器用完后应断开总电源。

4. 使用者不能随意拆卸仪器。

5. 仪器应置于无强电磁干扰的环境中使用。

6. 料筒、活塞、口模应保持清洁，不能磕碰、划伤，料筒不能用非指定的工具清洁。

7. 清洁工作应在高温状态下进行，比较容易清洁。但此时一定要注意不要烫伤。

附：

1. 试样（粒状、条状、片状、模压料块等）在测试前根据塑料种类要求去湿烘干处理。根据试样的预计熔体速率按表1称取试样。

表1 试样加入量与切样时间间隔

熔体速率 g/10min	试样加入量/g	切割时间/s
0.1～0.5	3～4	120～240
0.5～1.0	3～4	60～120
1.0～3.5	4～5	30～60
3.5～10	6～8	10～30
10～25	6～8	5～10

2. 试验条件（表2）

表2 试验条件

序号	标准口模内径/mm	试验温度/℃	口模系数/（g·mm²）	负荷/kg
1	1.180	190	146.6	2.160
2	2.095	190	70	0.325

续表

序号	标准口模内径/mm	试验温度/℃	口模系数/ (g·mm²)	负荷/kg
3	2.095	190	464	2.160
4	2.095	190	1073	5.000
5	2.095	190	2146	10.000
6	2.095	190	4635	21.600
7	2.095	200	1073	5.000
8	2.095	200	2146	10.000
9	2.095	220	2146	10.000
10	2.095	230	70	0.325
11	2.095	230	253	1.200
12	2.095	230	464	2.160
13	2.095	230	815	3.800
14	2.095	230	1073	5.000
15	2.095	275	70	0.325
16	2.095	300	253	1.200

实验五　聚合物材料的维卡软化点测定

【实验目的】

了解热塑性塑料的维卡软化点的测试方法。测定 PP、PS 等试样的维卡软化点。

【实验内容和原理】

聚合物的耐热性能，通常是指它在温度升高时保持其物理机械性质的能力。聚合物材料的耐热温度是指在一定负荷下，其到达某一规定形变值时的温度。发生形变时的温度通常称为塑料的软化点 T_s。因为使用不同测试方法各有其规定选择的参数，所以软化点的物理意义不像玻璃化转变温度那样明确。常用维卡（Vicat）耐热和马丁（Martens）耐热以及热变形温度测试方法测试塑料耐热性能。不同方法的测试结果相互之间无定量关系，它们可用来对不同塑料作相对比较。

维卡软化点是测定热塑性塑料于特定液体传热介质中，在一定的负荷、一定的等速升温条件下，试样被 1mm² 针头压入 1mm 时的温度。本方法仅适用于大多数热塑性塑料。实验测得的维卡软化点适用于控制质量和作为鉴定新品种热性能的一个指标，但不代表材料的使用温度。现行维卡软化点的国家标准为 GB 1633—2000。

【主要仪器设备及原料】

1. 主要仪器

维卡软化点温度试验机。维卡软化点温度测试装置原理如图1所示。负载杆压针头长

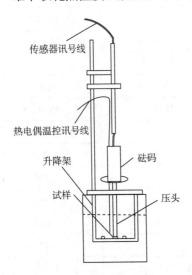

图1　维卡软化点温度测试装置原理图

$3 \sim 5mm$，横截面积为 $(1.000 + 0.015)$ mm^2，压针头平端与负载杆成直角，不允许带毛刺等缺陷。加热浴槽选择对试样无影响的传热介质，如硅油、变压器油、液体石蜡、乙二醇等，室温时黏度较低。本实验选用甲基硅油为传热介质。可调等速升温速度为 $(5 \pm 0.5)℃/6min$ 或 $(12 \pm 1.0)℃/6min$。试样承受的静负载 $G = W + R + T$ [W 为砝码质量；R 为压针及负载杆的质量（本实验装置负载杆和压头为95g，位移传感器测量杆质量10g）；T 为变形测量装置附加力]，负载有两种选择：$G_A = 1kg$；$G_B = 5kg$。装置测量形变的精度为 $0.01mm$。

2. 主要原料

维卡实验中，试样厚度应为 $3 \sim 6mm$，宽和长至少为 $10mm \times 10mm$，或直径大于 $10mm$。试样的两面应平行，表面平整光滑、无气泡、无锯齿痕迹、凹痕或裂痕等缺陷。每组试样为两个。

（1）模塑试样厚度为 $3 \sim 4mm$。

（2）板材试样厚度取板材厚度，但厚度超过 $6mm$ 时。应在试样一面加工成 $3 \sim 4mm$。如厚度不足 $3mm$ 时，则可由不超过 3 块叠合成厚度大于 $3mm$。

本试验机也可用于热变形温度测试，热变形试验选择斧刀式压头，长条形试样，试样长度约为 $120mm$，宽度为 $3 \sim 15mm$，高度为 $10 \sim 20mm$。

【操作方法和实验步骤】

1. 按照"工控机"→"电脑"→"主机"的开机顺序打开设备的电源开关，让系统启动并预热 $10min$。

2. 开启 PowerTest – W 电脑软件，检查电脑软件显示的位移传感器值、温度传感器值是否正常（正常情况下，位移传感器值显示值应该在 $-1.9 \sim +1.9$ 之内随传感器头的上下移动而变化）。

3. 在主界面中选择"试验"，依据试验要求，选择试验方案名为维卡温度测试，选择试验结束方式，维卡测试定形变为 $1mm$，升温速度设为 $50℃/h$。填好后，按"确定"，微机显示"实验曲线图"界面，点击实验曲线图中的"实验参数"及"用户参数"，检查参数设置是否正确。

4. 按一下主机面板的"上升"按钮，将支架升起，选择维卡测试所需的针式压头装在负载杆底端。安装时压头上标有的编号印迹应与负载杆的印迹一一对应。抬起负载杆，将试样放入支架，然后放下负载杆，使压头位于其中心位置，并与试样垂直接触，试样另一面紧贴支架底座。

5. 按"下降"按钮，将支架小心浸入油浴槽中，使试样位于液面 35mm 以下。浴槽的起始温度应低于材料的维卡软化点 50℃。

6. 按测试需要选择砝码，使试样承受负载 1kg（10N）或 5kg（50N）。本实验选择 50N 砝码，小心将砝码凹槽向上平放在托盘上，并在其上面中心处放置一小磁钢针。

7. 下降 5min 后，上下移动位移传感器托架，使传感器触点与砝码上的小钢磁针直接垂直接触，观察电脑上各通道的变形量，使其达到 −1 ~ +1mm，然后调节微调旋钮，令电脑显示屏上各通道的显示值在 −0.01 ~ +0.01mm 之间。

8. 点击各通道的"清零"键，对主界面窗口中各通道形变清零。

9. 在"试验曲线"界面中点击"运行"键进行实验。装置按照设定速度等速升温。电脑显示屏显示各通道的形变情况。当压针头压入试样 1mm 时，实验自行结束，此时的温度即为该试样的维卡软化点。实验结果以"年 – 月 – 日 – 时 – 分试样编号"作为文件名，自动保存在"DATA"子目录中。材料的维卡软化点以两个试样的算术平均值表示，同组试样测定结果之差应小于 2℃。

10. 当达到预设的变形量或温度，实验自动停止后，打开冷却水源进行冷却。然后向上移动位移传感器托架，将砝码移开，升起试样支架，将试样取出。

11. 实验完毕后，依次关闭主机、工控机、打印机、电脑电源。

【实验报告】

1. 简述实验原理。

2. 明确操作步骤。

3. 点击主界面菜单栏中的数据处理图标，进入"数据处理"窗口，然后点击打开，双击所需的实验文件名，点击"结果"可查看试样维卡温度值，记录试样在不同通道的维卡温度，计算平均值。

4. 点击"报告"，出现"报告生成"窗口，钩选"固定栏"的试验方案参数，以及"结果栏"的内容，如试样名称、起始温度、砝码重、传热介质等。按"打印"按钮打印实验报告。

【思考题】

1. 影响维卡软化点测试的因素有哪些？

2. 材料的不同热性能测定数据是否具有可比性？

实验六　聚合物材料拉伸性能的测试

【实验目的】

1. 通过实验了解聚合物材料拉伸强度及断裂伸长率的意义；
2. 熟悉它们的测试方法；
3. 通过测试应力–应变曲线来判断聚合物材料的力学性能。

【实验原理】

为了评价聚合物材料的力学性能。通常用等速施力下所获得的应力–应变曲线来进行描述。这里所谓应力是指拉伸力引起的在试样内部单位截面上产生的内应力，而应变是指试样在外力作用下发生形变时，相对其原尺寸的相对形变量。

材料的组成、化学结构及聚态结构都会对应力与应变产生影响。应力–应变实验所得的数据也与温度、湿度、拉伸速度有关，因此应规定一定的测试条件。

【主要仪器设备及原料】

1. 主要仪器设备：万能试验机
2. 主要原料：各种高分子试样

【操作方法和实验步骤】

1. 试样制备

拉伸实验中所用的试样依据不同材料加工成不同形状和尺寸。每组试样应不少于5个。试验前需对试样的外观进行检查试样，表面平整无气泡、裂纹、分层和机械损伤等缺陷。另外为了减小环境对试样性能的影响，应在测试前将试样在测试环境中放置一定时间，使试样与测试环境达到平衡。一般试样越厚，放置时间应越长。具体按国家标准规定。

2. 拉伸性能的测试

①将合格试样编号并在试样平行部分划二标线，即标距。测量试样工作段任意三处宽度和厚度，取其平均值。

②安装拉伸试验用夹具。

③调整引伸计标距至规定值。

④装夹试样，要使试样纵轴与上下夹头的中心线重合。

⑤在工作段装夹大变形引伸计，使引伸计中心线与上下夹头的中心线重合。

⑥录入试样信息并按照标准设置试验条件。

⑦联机。检查屏幕显示的试验信息是否正确，如有不适之处进行修改，然后对负荷清零、轴向变形清零、位移清零。按"试验开始"键进行试验。

⑧横梁以设定的速度开始移动，同时屏幕显示出试验曲线，根据需要可随时打开想要观察的曲线。如应力－应变曲线、负荷－变形曲线等多种曲线。

⑨观察试样直到被拉断为止，按"试验结束"键结束试验。按"数据管理"键查看试验结果。

【实验报告】

1. 简述实验原理。
2. 明确操作步骤和注意事项。
3. 附实验中测试所得的多种曲线。

【思考题】

1. 影响拉伸强度的因素有哪些?
2. 在拉伸实验中如何测定模量?

实验七　聚合物力学性能实验

【实验目的】

1. 测定聚丙烯材料的屈服强度、断裂强度和断裂伸长率，并画应力－应变曲线;
2. 观察结晶性高聚物的拉伸特征;
3. 掌握高聚物的静载拉伸实验方法。

【实验原理和内容】

应力－应变曲线

本实验是在规定的实验温度、湿度及不同的拉伸速度下，在试样上沿轴向方向施加静态拉伸负荷，以测定塑料的力学性能。

拉伸实验是最常见的一种力学实验，由实验测定的应力－应变曲线，可以得出评价材料性能的屈服强度，断裂强度和断裂伸长率等表征参数，不同的高聚物，不同的测定条件，测得的应力－应变曲线是不同的。

结晶性高聚物的应力－应变曲线分三个区域，如图 1 所示。

（1）OA 段曲线的起始部分，近似直线，属普弹性变形，是由于分子的键长、键角以及原子间的距离改变所引起的，其形变是可逆的，应力与应变之间服从胡克定律。即:

$$\sigma = E\varepsilon$$

式中 σ——应力，MPa；

     ε——应变，%；

     E——弹性模量，MPa。

     A——屈服点，所对应应力为屈服应力或屈服强度。

（2）BC 段到达屈服点后，试样突然在某处出现一个或几个"细颈"现象，出现细颈现象的本质是分子在该处发生取向的结晶，该处强度增大，拉伸时细颈不会变细拉断，而是向两端扩展，直至整个试样完全变细为止，此阶段应力几乎不变，而变形增加很大。

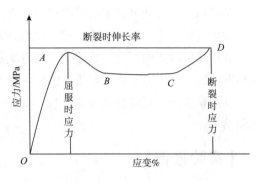

图 1   应力－应变曲线

（3）CD 段被均匀拉细后的试样，再长变细即分子进一步取向，应力随应变的增大而增大，直到断裂点 D，试样被拉断，D 点的应力称为强度极限，即抗拉强度或断裂强度 $\sigma_{断}$，是材料重要的质量指标，其计算公式为

$$\sigma_{断} = P / (b \times d) \text{（MPa）}$$

式中 P——最大破坏载荷，N；

     b——试样宽度，mm；

     d——试样厚度，mm；

断裂伸长率 $\varepsilon_{断}$ 是试样断裂时的相对伸长率，$\varepsilon_{断}$ 按下式计算

$$\varepsilon_{断} = (F - G) / G \times 100\%$$

式中 G——试样标线间的距离，mm；

     F——试样断裂时标线间的距离，mm。

【实验设备、用具及试样】

电子式万能材料试验机 WDT－20KN；

游标卡尺 1 把；

聚丙烯（PP）标准试样 6 条，拉伸样条的形状（双铲型）如图 2 所示。

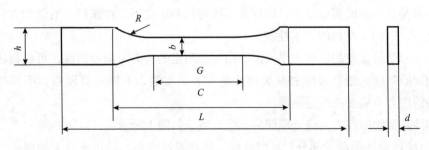

图 2   拉伸试样

L——总长度（最小），150mm；

b——试样中间平行部分宽度，（10 ± 0.2）mm；

C——夹具间距离，115mm；

d——试样厚度，2 ~ 10mm；

G——试样标线间的距离，（50 ± 0.5）mm；

h——试样端部宽度，（20 ± 0.2）mm；

R——半径，60mm。

【操作方法和实验步骤】

准备两组试样，每组三个样条，且用一种速度，A 组 25mm/min，B 组 5mm/min。

1. 熟悉万能试验机的结构，操作规程和注意事项。

2. 用游标卡尺量样条中部左、中、右三点的宽度和厚度，精确到 0.02mm，取平均值。

3. 实验参数设定

接通电源，启动试验机按钮，启动计算机；

双击桌面上"MCGS 环境"进入系统主界面；分别点击"试验编号""试样设定""试样参数""测试项目"等按扭，设定参数。

设定试验编号；注意试验编号不能重复使用；

试样设定：

试验类型：拉伸

横梁方向：向上

横梁速度：5 或 25mm/min

变形测量：横梁位移

试验结束条件：当负荷降到 20%（最大）时

传感器选择：下空间 20000N

曲线选择：负荷 – 形变；

设定试样参数：板材宽度厚度

标距：50

每批数量：3；

测试项目：最大负荷点、破裂点、断裂伸长率；

装夹试样：点击黄色三角形升降键将横梁运行到适当的位置，夹好试样；

4. 试验：点击负荷清零和变形清零，点击开始试验，进行拉伸试验，观察拉伸过程的变形特征，直到试样断裂为止，记录试验数据。

5. 结果分析：点击主界面的"分析"，进入曲线分析界面，手动分析时，在分析结果区域中用鼠标左键双击对应的字母，然后在对应的曲线处单击，便可显示对应的数据，要想取消某一分析点，可在分析结果区域中，用鼠标左键双击对应的字母，然后双击鼠标右键即可。

6. 改变速度，重复做第二组试样。

【实验报告】

1. 简述实验原理。

2. 明确操作步骤和注意事项。

3. 做好原始记录。

4. 详细记录拉伸过程中观察到的现象，结合学过的理论知识分析现象产生原因（包括变形情况，表面及颜色变化，断裂情况及断面形状等）。

【实验注意事项】

1. 实验前要认真预习，操作试验机时，认真细致，注意安全。

2. 同组同学要分工协作，每人负责一项内容，有计算的要轮换。

【实验记录参考表格】

实验名称：_____；实验设备名称及型号规格_____；

试样名称：_____   实验温度：_____   湿度：_____   日期：_____

试样编号	样品尺寸/b/mm	样品尺寸/d/mm	样品面积/mm	拉伸速度/mm/min	测定值/N	拉伸强度/MPa	备注

【思考题】

1. 对于哑铃形试样如何使试样在拉伸时在有效部分断裂？

2. 一般塑料的拉伸强度为多少？

附录

附录一　单位换算表

1. 长度单位换算表

长度单位	mm	cm	m	km	in	ft	yd
1mm	1	0.1	0.001	1×10^{-6}	0.03937	0.00328	0.00109
1cm	10	1	0.01	10×10^{-6}	0.3937	0.03281	0.01094
1m	1000	100	1	0.001	39.37	3.28084	1.09361
1km	1×10^{6}	100×10^{3}	1000	1	39370	3280.84	1093.61
1in	25.4	2.54	0.0254	25.4×10^{-6}	1	0.08333	0.0277778
1ft	304.8	30.48	0.3048	304.8×10^{-6}	12	1	0.33333
1yd	914.4	91.44	0.9144	914.4×10^{-6}	36	3	1
表注	毫米	厘米	米	千米	英寸	英尺	码

2. 面积单位换算表

面积单位	cm^2	m^2	km^2	in^2	ft^2	yd^2
$1cm^2$	1	0.0001	0.1×10^{-9}	0.155	0.00108	0.00012
$1m^2$	10000	1	1×10^{-6}	1550	10.7639	1.19599
$1km^2$	10×10^{9}	1×10^{6}	1	1.55×10^{9}	10.7639×10^{6}	1.196×10^{6}
$1in^2$	6.4516	0.645×10^{-3}	0.645×10^{-9}	1	0.00694	0.00077
$1ft^2$	929.03	0.0929	92.9×10^{-9}	144	1	0.11111
$1yd^2$	8361.27	0.83613	0.836×10^{-6}	1296	9	1
表注	厘米^2	米^2	千米^2	英寸^2	英尺^2	码^2

3. 体积单位换算表

体积单位	m^3	cm^3	$dm^3 = L$	in^3	ft^3	yd^3	fl. oz. (UK)	fl. oz. (US)	gal (UK)	gal (US)
$1m^3$	1	1×10^{6}	1×10^{3}	61023.7	35.31467	1.30795	35.195×10^{3}	33.184×10^{3}	219.969	264.172
$1cm^3$	1×10^{-6}	1	0.001	0.06102	35.31×10^{-6}	1.31×10^{-6}	0.0352	0.03381	0.00022	0.00026
$1dm^3$	1×10^{-3}	1000	1	61.0237	0.03531	0.00131	35.1952	33.8138	0.21997	0.26417
$1in^3$	16.3871×10^{-6}	16.3871	0.01639	1	0.00058	21.43×10^{-6}	0.57675	0.55411	0.0038	0.00433
$1ft^3$	28.3168×10^{-3}	28316.8	28.3168	1728	1	0.03704	996.614	957.499	6.22883	7.48052
$1yd^3$	0.76455	764555	764.555	46656	27	1	26908.5	25852.4	168.178	201.972
1fl. oz. (UK)	28.413×10^{-6}	28.413	0.0284	1.73388	0.001	0.0004	1	0.96075	0.00625	0.00751
1fl. oz. (US)	29.5735×10^{-6}	29.5735	0.0296	1.8047	0.00104	0.00004	1.04085	1	0.00651	0.00781
1gal (UK)	4.5461×10^{-3}	4546.09	4.54609	277.42	0.16054	0.00595	160	153.721	1	1.20095
1gal (US)	3.7854×10^{-3}	3785.41	3.78531	231	0.13368	0.00495	133.233	128	0.83267	1
表注	米^3	厘米^3	分米^3=升	英寸^3	英尺^3	码^3	英盎司（液）	美盎司（液）	英加仑	美加仑

4. 速率单位换算表

速率单位	m/s	m/min	ft/min	ft/s
1m/s	1	60	196.85	3.281
1m/min	0.0167	1	3.281	0.0547
1ft/min	0.0051	0.3048	1	0.0167
1ft/s	0.3048	18.288	60	1
表注	米/秒	米/分	英尺/分	英尺/秒

5. 温度单位换算表

温度单位	$t\,(℉) = [t\,(℃) \times 9/5] + 32$ $t\,(℃) = [t\,(℉) - 32] \times 5/9$ $t\,(K) = 273.16 + t\,(℃)$ 温度差：$\Delta t\,(℉) = \Delta t\,(℃) \times 9/5$ $\Delta t\,(℃) = \Delta t\,(℉) \times 5/9$	℉ - 华氏度 ℃—摄氏度 K—开尔文（热力学温度单位）

6. 质量单位换算表

质量单位	g	kg	t	oz	lb	USton	UKton
1g	1	0.001	1×10^{-6}	0.03527	0.0022	1.102×10^{-6}	0.984×10^{-6}
1kg	1000	1	0.001	35.274	2.20462	0.0011	0.00098
1t	1×10^6	1000	1	35274	2204.62	1.10231	0.9842
1oz	28.3495	0.02835	28.35×10^{-6}	1	0.0625	31.25×10^{-6}	0.00003
1lb	453.592	0.45359	0.00045	16	1	0.0005	0.00045
1USton	907185	907.185	0.90719	32000	2000	1	0.89286
1UKton	1.016×10^6	1016.05	1.01605	35840	2240	1.12	1
表注	克	千克	吨	盎司（英两）	磅	美吨（短吨）	英吨（长吨）

7. 压强单位换算表

压强单位	MPa	bar	kgf/cm^2	atm	mmH$_2$O	mmHg	lbf/in^2（psi）
1MPa	1	10	10.1972	9.8692	101.91×10^3	7.5006×10^3	145.04
1bar	0.1	1	1.01972	0.98692	10.197×10^3	750.06	14.504
1kgf/cm^2	0.098067	0.98067	1	0.96784	10×10^3	735.56	14.223
1atm	0.10133	1.0133	1.0332	1	10332	760	14.696
1mmH$_2$O	9.8067×10^{-6}	98.067×10^{-6}	0.1×10^{-3}	96.784×10^{-6}	1	73.556×10^{-3}	1.4223×10^{-3}
1mmHg	0.13332×10^{-3}	1.3332×10^{-3}	1.3595×10^{-3}	1/760	13.595	1	19.337×10^{-3}
1lbf/in^2（psi）	6.8948×10^{-3}	68.948×10^{-3}	70.307×10^{-3}	68.046×10^{-3}	703.07	51.715	1
表注	兆帕	巴	千克力/厘米^2	标准大气压	毫米水柱	毫米汞柱	磅力/英寸^2

8. 力单位换算表

力单位	N	kgf	lbf	kN	tf	
1N	1	0.1019716	0.224809	1×10^{-3}	0.102×10^{-3}	
1kgf	9.80665	1	2.20462	0.0098	1×10^{-3}	1kgf = 1kp（kilopond）
1lbf	4.44822	0.453592	1	0.00445	0.454×10^{-3}	1N = 10^5 Dyn（dyn）
1kN	1000	101.9716	224.809	1	0.10197	= 10^5 达因
1tf	9806.65	1000	2204.62	9.80665	1	
表注	牛（顿）	千克力	磅力	千牛（顿）	吨力	

9. 力矩单位换算表

力矩单位	N·m	kgf·m
1N·m	1	0.101972
1kgf·m	9.80665	1
表注	牛（顿）·米	千克力·米

10. 功率单位换算表

功率单位	kW	kgf·m/s	PS	hp	1W = 1J/s = 1N·m/s 1kcal/h = 1.163W 1kW = 859.845kcal/h
1kW	1	101.972	1.35962	1.34102	1Btu/h = 0.29307W 1W = 3.412Btu/h 1HP = 550ft·lbf/s
1kgf·m/s	9.8067×10^{-3}	1	1/75 = 0.01333	0.01315	1 瓦 = 1 焦（耳）/秒 = 1 牛（顿）·米/秒 1 千卡/时 = 1.163 瓦
1PS	0.7355	75	1	0.98632	1 千瓦 = 859.845 千卡/时 1 英热单位/时 = 0.29307 瓦
1hp	0.7457	76.040	1.0139	1	1 瓦 = 3.412 英热单位/时 1 英制马力 = 550 英尺·磅力/秒
表注	千瓦	千克力·米/秒	米制马力	英制马力	1 冷吨 = 3024 千卡/小时 = 3.5169 千瓦

11. 容积流量单位换算表

容积流量单位	L/s	L/min	m³/h	m³/min	m³/s	gal（UK）/min	gal（US）/min	ft³/h	ft³/min	ft³/s
1L/s	1	60	3.6	0.06	0.001	13.1982	15.8502	127.134	2.1189	0.03531
1L/min	0.01667	1	0.06	0.001	16.6667×10^{-6}	0.21997	0.26417	2.11888	0.03531	0.00059
1m³/h	0.27778	16.66667	1	0.01667	0.27778×10^{-3}	3.66615	4.40287	35.31467	0.58858	0.00981
1m³/min	16.66667	1000	60	1	0.01667	219.969	264.172	2118.88	35.31467	0.58858
1m³/s	1000	60×10^3	3600	60	1	13198.14	15850.32	127132.8	2118.88	35.31467

容积流量单位	L/s	L/min	m³/h	m³/min	m³/s	gal（UK）/min	gal（US）/min	ft³/h	ft³/min	ft³/s
1gal（UK）/min	0.07577	4.5461	0.27277	4.5461 × 10⁻³	75.7683 × 10⁻⁶	1	1.20095	9.6324	0.16054	2.67567 × 10⁻³
1gal（US）/min	0.06309	3.7854	0.22712	3.7854 × 10⁻³	63.09 × 10⁻⁶	0.83267	1	8.0208	0.13368	2.228 × 10⁻³
1ft³/h	0.00787	0.472	0.02832	0.00047	7.83 × 10⁻⁶	0.1038	0.12467	1	0.01667	0.27783 × 10⁻³
1ft³/min	0.47195	28.3168	1.69901	0.02832	0.47195 × 10⁻³	6.22883	7.48052	60	1	0.01667
1ft³/s	28.317	1699.02	101.9412	1.69902	28.317 × 10⁻³	373.698	448.8312	3600	60	1
表注	升/秒	升/分	米³/时	米³/分	米³/秒	英加仑/分	美加仑/分	英尺³/时	英尺³/分	英尺³/秒

附录二　常用液体密度表

名称	密度 ρ/10³ kg·m⁻³	名称	密度 ρ/10³ kg·m⁻³
汽油	0.70	氨水	0.93
乙醚	0.71	海水	1.03
石油	0.76	牛奶	1.03
酒精	0.79	醋酸	1.049
煤油	0.80	盐酸（40%）	1.20
松节油	0.855	无水甘油（0℃）	1.26
苯	0.88	二硫化碳（0℃）	1.29
矿物油（润滑油）	0.9~0.93	蜂蜜	1.40
植物油	0.9~0.93	硝酸（91%）	1.50
橄榄油	0.92	硫酸（87%）	1.80
鱼肝油	0.945	溴（0℃）	3.12
蓖麻油	0.97	水银	13.6

（注：未注明者为常温下）

附录三 水的物理性质

温度 $t/$ ℃	饱和蒸气压 $p/$ kPa	密度 $\rho/$ kg·m⁻³	焓 $H/$ kJ·kg⁻¹	比定压热容 $c_p/$ kJ·kg⁻¹·K⁻¹	导热系数 $\lambda/$ 10^{-2}W·m⁻¹·K⁻¹	黏度 $\mu/$ 10^{-5}Pa·s	体积膨胀系数 $\alpha/$ 10^{-4}K⁻¹	表面张力 $\sigma/$ 10^{-3}N·m⁻¹	普兰德数 Pr
0	0.6082	999.9	0	4.212	55.13	179.21	0.63	75.6	13.66
10	1.2262	999.7	42.04	4.197	57.45	130.77	0.70	74.1	9.52
20	2.3346	998.2	83.90	4.183	59.89	100.50	1.82	72.6	7.01
30	4.2474	995.7	125.69	4.174	61.76	80.07	3.21	71.2	5.42
40	7.3766	992.2	165.71	4.174	63.38	65.60	3.87	69.6	4.32
50	12.31	988.1	209.30	4.174	64.78	54.94	4.49	67.7	3.54
60	19.932	983.2	251.12	4.178	65.94	46.88	5.11	66.2	2.98
70	31.164	977.8	292.99	4.178	66.76	40.61	5.70	64.3	2.54
80	47.379	971.8	334.94	4.195	67.45	35.65	6.32	62.6	2.22
90	70.136	965.3	376.98	4.208	67.98	31.65	6.95	60.7	1.96
100	101.33	958.4	419.10	4.220	68.04	28.38	7.52	58.8	1.76
110	143.31	951.0	461.34	4.238	68.27	25.89	8.08	56.9	1.61
120	198.64	943.1	503.67	4.250	68.50	23.73	8.64	54.8	1.47
130	270.25	934.8	546.38	4.266	68.50	21.77	9.17	52.8	1.36
140	361.47	926.1	589.08	4.287	68.27	20.10	9.72	50.7	1.26
150	476.24	917.0	632.20	4.312	68.38	18.63	10.3	48.6	1.18
160	618.28	907.4	675.33	4.346	68.27	17.36	10.7	46.6	1.11
170	792.59	897.3	719.29	4.379	67.92	16.28	11.3	45.3	1.05
180	1003.5	886.9	763.25	4.417	67.45	15.30	11.9	42.3	1.00
190	1255.6	876.0	807.63	4.460	66.99	14.42	12.6	40.8	0.96
200	1554.77	863.0	852.43	4.505	66.29	13.63	13.3	38.4	0.93
210	1917.72	852.8	897.65	4.555	65.48	13.04	14.1	36.1	0.91
220	2320.88	840.3	943.70	4.614	64.55	12.46	14.8	33.8	0.89
230	2798.59	827.3	990.18	4.681	63.73	11.97	15.9	31.6	0.88
240	3347.91	813.6	1037.49	4.756	62.80	11.47	16.8	29.1	0.87
250	3977.67	799.0	1085.64	4.844	61.76	10.98	18.1	26.7	0.86
260	4693.75	784.0	1135.04	4.949	60.84	10.59	19.7	24.2	0.87
270	5503.99	767.9	1185.28	5.070	59.96	10.20	21.6	21.9	0.88
280	6417.24	750.7	1236.28	5.229	57.45	9.81	23.7	19.5	0.89
290	7443.29	732.3	1289.95	5.485	55.82	9.42	26.2	17.2	0.93
300	8592.94	712.5	1344.80	5.736	53.96	9.12	29.2	14.7	0.97
310	9877.96	691.1	1402.16	6.071	52.34	8.83	32.9	12.3	1.02
320	11300.3	667.1	1462.03	6.573	50.59	8.53	38.2	10.0	1.11
330	12879.6	640.2	1526.19	7.243	48.73	8.14	43.3	7.82	1.22
340	14615.9	610.1	1594.75	8.164	45.71	7.75	53.4	5.78	1.38
350	16538.5	574.4	1671.37	9.504	43.03	7.26	66.8	3.89	1.60
360	18667.1	528.0	1761.39	13.984	39.54	6.67	109	2.06	2.36
370	21040.9	450.5	1892.43	40.319	33.73	5.69	264	0.48	6.80

附录四　饱和水蒸气表

1. 按温度排列的饱和水蒸气表

温度 t/℃	绝对压强 p/kPa	水蒸气的密度 ρ/kg·m⁻³	焓 H/kJ·kg⁻¹		汽化热 r/kJ·kg⁻¹
			液　体	水蒸气	
0	0. 6082	0. 00484	0	2491. 1	2491. 1
5	0. 8730	0. 00680	20. 94	2500. 8	2479. 86
10	1. 2262	0. 00940	41. 87	2510. 4	2468. 53
15	1. 7068	0. 01283	62. 80	2520. 5	2457. 7
20	2. 3346	0. 01719	83. 74	2530. 1	2446. 3
25	3. 1684	0. 02304	104. 67	2539. 7	2435. 0
30	4. 2474	0. 03036	125. 60	2549. 3	2423. 7
35	5. 6207	0. 03960	146. 54	2559. 0	2412. 1
40	7. 3766	0. 05114	167. 47	2568. 6	2401. 1
45	9. 5837	0. 06543	188. 41	2577. 8	2389. 4
50	12. 340	0. 0830	209. 34	2587. 4	2378. 1
55	15. 743	0. 1043	230. 27	2596. 7	2366. 4
60	19. 923	0. 1301	251. 21	2606. 3	2355. 1
65	25. 014	0. 1611	272. 14	2615. 5	2343. 1
70	31. 164	0. 1979	293. 08	2624. 3	2331. 2
75	38. 551	0. 2416	314. 01	2633. 5	2319. 5
80	47. 379	0. 2929	334. 94	2642. 3	2307. 8
85	57. 875	0. 3531	355. 88	2651. 1	2295. 2
90	70. 136	0. 4229	376. 81	2659. 9	2283. 1
95	84. 556	0. 5039	397. 75	2668. 7	2270. 5
100	101. 33	0. 5970	418. 68	2677. 0	2258. 4
105	120. 85	0. 7036	440. 03	2685. 0	2245. 4
110	143. 31	0. 8254	460. 97	2693. 4	2232. 0
115	169. 11	0. 9635	482. 32	2701. 3	2219. 0
120	198. 64	1. 1199	503. 67	2708. 9	2205. 2
125	232. 19	1. 296	525. 02	2716. 4	2191. 8
130	270. 25	1. 494	546. 38	2723. 9	2177. 6
135	313. 11	1. 715	567. 73	2731. 0	2163. 3
140	361. 47	1. 962	589. 08	2737. 7	2148. 7
145	415. 72	2. 238	610. 85	2744. 4	2134. 0
150	476. 24	2. 543	632. 21	2750. 7	2118. 5

温度 $t/℃$	绝对压强 $p/$ kPa	水蒸气的密度 $\rho/$ kg·m^{-3}	焓 $H/$kJ·kg^{-1}		汽化热 $r/$kJ·kg^{-1}
			液 体	水蒸气	
160	618.28	3.252	675.75	2762.9	2037.1
170	792.59	4.113	719.29	2773.3	2054.0
180	1003.5	5.145	763.25	2782.5	2019.3
190	1255.6	6.378	807.64	2790.1	1982.4
200	1554.77	7.840	852.01	2795.5	1943.5
210	1917.72	9.567	897.23	2799.3	1902.5
220	2320.88	11.60	942.45	2801.0	1858.5
230	2798.59	13.98	988.50	2800.1	1811.6
240	3347.91	16.76	1034.56	2796.8	1761.8
250	3977.67	20.01	1081.45	2790.1	1708.6
260	4693.75	23.82	1128.76	2780.9	1651.7
270	5503.99	28.27	1176.91	2768.3	1591.4
280	6417.24	33.47	1225.48	2752.0	1526.5
290	7443.29	39.60	1274.46	2732.3	1457.4
300	8592.94	46.93	1325.54	2708.0	1382.5
310	9877.96	55.59	1378.71	2680.0	1301.3
320	11300.3	65.95	1436.07	2648.2	1212.1
330	12879.6	78.53	1446.78	2610.5	1116.2
340	14615.8	93.98	1562.93	2568.6	1005.7
350	16538.5	113.2	1636.20	2516.7	880.5
360	18667.1	139.6	1729.15	2442.6	713.0
370	21040.9	171.0	1888.25	2301.9	411.1
374	22070.9	322.6	2098.0	2098.0	0

2. 按压强排列的饱和水蒸气表

绝对压强 $p/$kPa	温度 $t/℃$	水蒸气的密度 $\rho/$ kg·m^{-3}	焓 $H/$kJ·kg^{-1}		汽化热 $r/$kJ·kg^{-1}
			液 体	水蒸气	
1.0	6.3	0.00773	26.48	2503.1	2476.8
1.5	12.5	0.01133	52.26	2515.3	2463.0
2.0	17.0	0.01486	71.21	2524.2	2452.9
2.5	20.9	0.01836	87.45	2531.8	2444.3
3.0	23.5	0.02179	98.38	2536.8	2438.1
3.5	26.1	0.02523	109.30	2541.8	2432.5
4.0	28.7	0.02867	120.23	2546.8	2426.6
4.5	30.8	0.03205	129.00	2550.9	2421.9
5.0	32.4	0.03537	135.69	2554.0	2416.3

续表

绝对压强 p/kPa	温度 t/℃	水蒸气的密度 ρ/ kg·m⁻³	焓 H/kJ·kg⁻¹		汽化热 r/kJ·kg⁻¹
			液 体	水蒸气	
6. 0	35. 6	0. 04200	149. 06	2560. 1	2411. 0
7. 0	38. 8	0. 04864	162. 44	2566. 3	2403. 8
8. 0	41. 3	0. 05514	172. 73	2571. 0	2398. 2
9. 0	43. 3	0. 06156	181. 16	2574. 8	2393. 6
10. 0	45. 3	0. 06798	189. 59	2578. 5	2388. 9
15. 0	53. 5	0. 09956	224. 03	2594. 0	2370. 0
20. 0	60. 1	0. 13068	251. 51	2606. 4	2354. 9
30. 0	66. 5	0. 19093	288. 77	2622. 4	2333. 7
40. 0	75. 0	0. 24975	315. 93	2634. 1	2312. 2
50. 0	81. 2	0. 30799	339. 80	2644. 3	2304. 5
60. 0	85. 6	0. 36514	358. 21	2652. 1	2393. 9
70. 0	89. 9	0. 42229	376. 61	2659. 8	2283. 2
80. 0	93. 2	0. 47807	390. 08	2665. 3	2275. 3
90. 0	96. 4	0. 53384	403. 49	2670. 8	2267. 4
100. 0	99. 6	0. 58961	416. 90	2676. 3	2259. 5
120. 0	104. 5	0. 69868	437. 51	2684. 3	2246. 8
140. 0	109. 2	0. 80758	457. 67	2692. 1	2234. 4
160. 0	113. 0	0. 82981	473. 88	2698. 1	2224. 2
180. 0	116. 6	1. 0209	489. 32	2703. 7	2214. 3
200. 0	120. 2	1. 1273	493. 71	2709. 2	2204. 6
250. 0	127. 2	1. 3904	534. 39	2719. 7	2185. 4
300. 0	133. 3	1. 6501	560. 38	2728. 5	2168. 1
350. 0	138. 8	1. 9074	583. 76	2736. 1	2152. 3
400. 0	143. 4	2. 1618	603. 61	2742. 1	2138. 5
450. 0	147. 7	2. 4152	622. 42	2747. 8	2125. 4
500. 0	151. 7	2. 6673	639. 59	2752. 8	2113. 2
600. 0	158. 7	3. 1686	676. 22	2761. 4	2091. 1
700. 0	164. 0	3. 6657	696. 27	2767. 8	2071. 5
800. 0	170. 4	4. 1614	720. 96	2773. 7	2052. 7
900. 0	175. 1	4. 6525	741. 82	2778. 1	2036. 2
1×10^3	179. 9	5. 1432	762. 68	2782. 5	2019. 7
$1. 1 \times 10^3$	180. 2	5. 6333	780. 34	2785. 5	2005. 1
$1. 2 \times 10^3$	187. 8	6. 1241	797. 92	2788. 5	1990. 6
$1. 3 \times 10^3$	191. 5	6. 6141	814. 25	2790. 9	1976. 7
$1. 4 \times 10^3$	194. 8	7. 1034	829. 06	2792. 4	1963. 7
$1. 5 \times 10^3$	198. 2	7. 5935	843. 86	2794. 4	1950. 7

续表

绝对压强 p/kPa	温度 t/℃	水蒸气的密度 ρ/ kg·m⁻³	焓 H/kJ·kg⁻¹		汽化热 r/kJ·kg⁻¹
			液 体	水蒸气	
1.6×10^3	201.3	8.0814	857.77	2796.0	1938.2
1.7×10^3	204.1	8.5674	870.58	2797.1	1926.1
1.8×10^3	206.9	9.0533	883.39	2798.1	1914.8
1.9×10^3	209.8	9.5392	896.21	2799.2	1903.0
2×10^3	212.2	10.0338	907.32	2799.7	1892.4
3×10^3	233.7	15.0075	1005.4	2798.9	1793.5
4×10^3	250.3	20.0969	1082.9	2789.8	1706.8
5×10^3	263.8	25.3663	1146.9	2776.2	1629.2
6×10^3	275.4	30.8494	1203.2	2759.5	1556.3
7×10^3	285.7	36.5744	1253.2	2740.8	1487.6
8×10^3	294.8	42.5768	1299.2	2720.5	1403.7
9×10^3	303.2	48.8945	1343.5	2699.1	1356.6
10×10^3	310.9	55.5407	1384.0	2677.1	1293.1
12×10^3	324.5	70.3075	1463.4	2631.2	1167.7
14×10^3	336.5	87.3020	1567.9	2583.2	1043.4
16×10^3	347.2	107.8010	1615.8	2531.1	915.4
18×10^3	356.9	134.4813	1699.8	2466.0	766.1
20×10^3	365.6	176.5961	1817.8	2364.2	544.9

附录五　干空气的物理性质（101.33kPa）

温度 $t/$ ℃	密度 $\rho/$ （kg/m³）	比热容 $c/$ [kJ/（kg·℃）]	导热系数 $\lambda/$ 10^{-2} [W/（m·℃）]	黏度 $\mu/$ 10^{-5} Pa·s	普兰德数 Pr
-50	1.584	1.013	2.035	1.46	0.728
-40	1.515	1.013	2.117	1.52	0.728
-30	1.453	1.013	2.198	1.57	0.723
-20	1.395	1.009	2.279	1.62	0.716
-10	1.342	1.009	2.360	1.67	0.712
0	1.293	1.009	2.442	1.72	0.707
10	1.247	1.009	2.512	1.77	0.705
20	1.205	1.013	2.593	1.81	0.703
30	1.165	1.013	2.675	1.86	0.701
40	1.128	1.013	2.756	1.91	0.699
50	1.093	1.017	2.826	1.96	0.698
60	1.060	1.017	2.896	2.01	0.696
70	1.029	1.017	2.966	2.06	0.694
80	1.000	1.022	3.047	2.11	0.692
90	0.972	1.022	3.128	2.15	0.690
100	0.946	1.022	3.210	2.19	0.688
120	0.898	1.026	3.338	2.29	0.686
140	0.854	1.026	3.489	2.37	0.684
160	0.815	1.026	3.640	2.45	0.682
180	0.779	1.034	3.780	2.53	0.681
200	0.746	1.034	3.931	2.60	0.680
250	0.674	1.043	4.268	2.74	0.677
300	0.615	1.047	4.605	2.97	0.674
350	0.566	1.055	4.908	3.14	0.676
400	0.524	1.068	5.210	3.31	0.678
500	0.456	1.072	5.745	3.62	0.687
600	0.404	1.089	6.222	3.91	0.699
700	0.362	1.102	6.711	4.18	0.706
800	0.329	1.114	7.176	4.43	0.713
900	0.301	1.127	7.630	4.67	0.717
1000	0.277	1.139	8.071	4.90	0.719
1100	0.257	1.152	8.502	5.12	0.722
1200	0.239	1.164	9.153	5.35	0.724

附录六　酒精相对密度与百分含量对照表

液体相对密度	酒精			液体相对密度	酒精		
20/4℃	20℃时的体积百分数/%	质量百分数/%	100mL 中克数	20/4℃	20℃时的体积百分数/%	质量百分数/%	100mL 中克数
0.99528	2.00	1.59	1.58	0.99243	4.00	3.18	3.16
0.98973	6.00	4.78	4.74	0.98718	8.00	6.40	6.32
0.98476	10.00	8.02	7.89	0.98238	12.00	9.64	9.47
0.98009	14.00	11.28	11.05	0.97786	16.00	12.92	12.63
0.97570	18.00	14.56	14.21	0.97359	20.00	16.21	15.77
0.97145	22.00	17.88	17.37	0.96925	24.00	19.55	18.94
0.96699	26.00	21.22	20.52	0.96465	28.00	22.91	22.10
0.96224	30.00	24.61	23.68	0.95972	32.00	26.32	25.26
0.95703	34.00	28.04	26.84	0.95419	36.00	29.76	28.42
0.95120	38.00	31.53	29.99	0.94805	40.00	33.30	31.57
0.94477	42.00	35.09	33.15	0.94135	44.00	36.89	34.73
0.93776	46.00	38.72	36.31	0.93404	48.00	40.56	37.89
0.93017	50.00	42.43	39.47	0.92617	52.00	44.31	41.05
0.92209	54.00	46.28	42.62	0.91789	56.00	48.16	44.20
0.91359	58.00	50.11	45.78	0.90915	60.00	52.09	47.36
0.90463	62.00	54.10	48.94	0.90001	64.00	56.13	50.52
0.89531	66.00	58.19	52.10	0.89050	68.00	60.28	53.68
0.88558	70.00	62.39	55.25	0.88056	72.00	64.65	56.83
0.87542	74.00	66.72	58.41	0.87019	76.00	68.94	59.99
0.86480	78.00	71.19	61.57	0.85928	80.00	73.49	63.15
0.85364	82.00	75.82	64.73	0.84786	84.00	78.20	66.30
0.84188	86.00	80.63	67.88	0.83569	88.00	83.12	69.46
0.82925	90.00	85.67	71.04	0.82246	92.00	88.29	72.62
0.81526	94.00	91.01	74.20	0.80749	96.00	93.84	75.78
0.79900	98.00	96.82	77.36	0.78034	100.00	100.00	78.93

附录七　常压下乙醇－水气液平衡组成（摩尔）与温度关系

温度/℃	液相/%	气相/%	温度/℃	液相/%	气相/%
100	0	0	81.5	32.73	59.26
95.5	1.90	17.00	80.7	39.65	61.22
89.0	7.21	38.91	79.8	50.79	65.64
86.7	9.66	43.75	79.7	51.98	65.99
85.3	12.38	47.04	79.3	57.32	68.41
84.1	16.61	50.89	78.74	67.63	73.85
82.7	23.37	54.45	78.41	74.72	78.15
82.3	26.08	55.80	78.15	89.43	89.43

附录八　50℃常压下乙酸在水相与酯相中的平衡浓度

% （质量分数）

酯相	0.0	4.96	10.87	13.13	16.63	18.97	22.05	24.20	24.50
水相	0.0	5.37	8.67	10.70	14.87	19.73	20.49	24.08	24.50

注：摘自"欧阳福承，王广铨，高维平．"水－乙酸乙酯－乙酸和水－乙酸丁酯－乙酸两组三元物系液－液平衡数据的测定和关联"．化工学报，1985（1）：111－117．"

附录九 二氧化碳液相浓度的气敏电极分析法

1. 原理

二氧化碳气敏电极是基于界面化学反应的敏化电极，实际上是一种化学电池，它以平板玻璃电极为指示电极，Ag-AgCl 为外参比电极，这对电极组装在一个套管中，管中盛有电解质溶液（电极内充液），管底部紧靠选择性电极敏感膜。装有透气膜使电解液与外部试液隔开，如图 1 所示。

测定试液中 CO_2 时，向溶液中加入适量的酸，使 HCO_3^- 转化为 CO_2 气体，CO_2 气体扩散透过透气膜，进入气敏电极的敏感膜与透气膜间的极薄液层内，使得 $NaHCO_3$ 电解质溶液平衡发生移动，由玻璃电极测得其 pH 值的变化，从而间接测得试液中 CO_2 浓度。

CO_2 气敏电极与 Ag-AgCl 电极组成如下工作电池：

AgI，AgCl，NaCl，$NaHCO_3$//试液/透气膜/NaCl，$NaHCO_3$，内参比电极

根据理论分析，此时电池的电动势为

$$E = E^\ominus - (2.303RT/nF) \cdot \log [HCO_3^-]$$

可见，在一定的实验条件下，溶液中 HCO_3^- 浓度的对数值与电池的电动势 E 成线性关系。为此，可配制一系列已知 HCO_3^- 浓度的

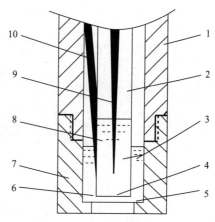

图 1 CO_2 气敏电极示意图

1—电极管；2—pH 玻璃电极；3—电极内充液；4—玻璃电极敏感膜；5—透气膜；6—电解质溶液薄层；7—可卸电极头；8—离子电极内参比溶液；9—内参比电极；10—Ag-AgCl 外参比电极

溶液，测出其相应的电动势，然后把测得的 E 值对 $\log [HCO_3^-]$ 值绘制标准曲线（或回归成 E 与 $\log [HCO_3^-]$ 的线性关系），在同样条件下测出对应于欲测溶液的 E 值，即可从标准曲线上查得试液中的 $[HCO_3^-]$（或由回归方程求得）。

2. 测试装置与方法

（1）测试仪器

PHS-3C 型酸度计（上海雷磁分析仪器厂）。

502 型 CO_2 气敏电极（江苏电分析仪器厂）。

501 型超级恒温槽。

电磁搅拌器，玻璃夹套杯。50℃精密温度计。

（2）装置流程

CO_2 气敏电极测量装置流程如图 2 所示。

（3）实验用药品

NaCl（分析纯），NaHCO$_3$（分析纯），浓硫酸（化学纯），柠檬酸三钠，AgCl 晶体。

（4）实验方法

①溶液配制

a）电极内充液

准确称取 0.8401g NaHCO$_3$（室温干燥 24h）和 5.844g NaCl（100℃干燥），溶于 AgCl 饱和液中。配制成 1000mL 溶液。

b）NaHCO$_3$标准液

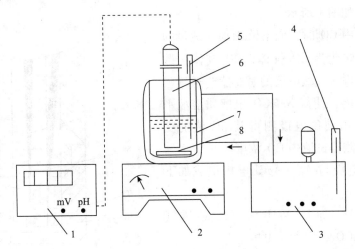

图 2　CO$_2$ 气敏电极装置流程图

1—PHS—3 型酸度计；2—电磁搅拌器；3—超级恒温槽；4—接触温度计；

5—精密温度计；6—气敏电极；7—玻璃夹套杯；8—搅拌棒

准确称取 8.401g NaHCO$_3$（室温干燥 24h），溶于去离子水中，并稀释成 1000mL，即成 10^{-1}mol/L 溶液，然后逐级稀释成 $10^{-2} \sim 10^{-6}$mol/L 的 NaHCO$_3$标准液。

c）0.5mol/L H$_2$SO$_4$溶液

量取 98% 浓硫酸 27.2mL，用水稀释成 1000mL 即可配得。

d）0.333mol/L 柠檬酸三钠溶液

称取 148.5g 柠檬酸三钠，溶于 1000mL 水中。

②电极预处理

a）取出玻璃平板电极浸泡在去离子水中，活化 24h 以上。但要注意，Ag - AgCl 电极在活化时不要浸入水中。

b）活化后的玻璃平板电极用去离子水和电极内充液冲洗，套管亦先后用去离子水和电极内充液冲洗，然后往其中加入一定的内充液，装好电极。

c）将电极置于去离子水中反复冲洗直至 $E \geqslant 450$mV，这时取出电极，吸干水分，电极方可使用。

③试验方法

取 25mL 试液置于玻璃夹套杯中，开动恒温水浴和电磁搅拌器，并向杯中注入 2.5mL、0.333mol/L 柠檬酸三钠溶液，等温度稳定后，再向杯内加 5mL 0.5mol/L H_2SO_4 溶液，等酸度计所显毫伏数降至最低时，记下该读数值，这就是所要测得的数据。

倒去杯内试液，用去离子水冲洗玻璃夹套杯和电极，使电极的毫伏数 $E \geqslant 450mV$，用滤纸吸干电极套管外壳及膜外的水分，再测另一试液。

测量大量试样时，应尽可能先测低浓度，后测高浓度，这样可以缩短平衡时间。

3. 数据处理

（1） $E \sim lg[CO_2]$ 的关系：

按上述实验方法，在每次开实验前，由实验室人员测定 30℃时 $NaHCO_3$ 标准液的毫伏数，并回归出 $E \sim lg[CO_2]$ 关系式，并存于吸收实验的数据处理程序中，供实验者使用。

（2）实验测得试样的毫伏数代入回归方程，即可求得液相中 CO_2 浓度。

（3）计算示例：

已知 30℃条件下，$NaHCO_3$ 标准液的回归方程为 $E = -45.5lg[CO_2] + 230.5mV$，试问当吸收塔塔底液相试样在 30℃相同条件下测得的电动势为 346mV 时，其浓度为多少？

解：代入上述回归方程得

$$lg[CO_2] = \frac{346 - 230.5}{-45.5} = -2.538$$

则塔底液相的摩尔分数为

$$X = 10^{-2.358}/55.56 = 5.21 \times 10^{-5}$$

参考文献

［1］夏清，陈常贵. 化工原理（上册）［M］. 天津：天津大学出版社，2005.

［2］夏清，陈常贵. 化工原理（下册）［M］. 天津：天津大学出版社，2005.

［3］汪学军，李岩梅，楼涛. 化工原理实验［M］. 北京：化学工业出版社，2009.

［4］房鼎业，乐清华，李福清. 化学工程与工艺专业实验［M］. 北京：化学工业出版社，2000.

［5］江体乾. 化工数据处理［M］. 北京：化学工业出版社，1984.

［6］孙荣恒. 应用数理统计［M］. 北京：化学工业出版社，2003.

［7］苏彦勋. 流体计量与测试［M］. 北京：中国计量出版社，1992.

［8］周作元，李荣先. 温度与流体参数测量基础［M］. 北京：清华大学出版社，1986.

［9］天津大学等校合编. 化工传递过程. 北京：化学工业出版社，1980.

［10］戴干策等. 传递现象导论［M］. 北京：化学工业出版社，1996.

［11］陈甘棠. 化学反应工程［M］. 北京：化学工业出版社，1981.

［12］朱炳辰. 化学反应工程［M］. 北京：化学工业出版社，1998.